U0651507

洪泽湖鱼类志

陈宇顺　张胜宇　谢松光　主编

中国农业出版社
北　京

内容提要

本书为淮河流域鱼类区系研究的组成部分，是迄今为止洪泽湖鱼类研究较为完整的一部专著，对系统了解洪泽湖的鱼类和渔业、指导生态保护具有现实意义。

本书总论介绍了洪泽湖的地理环境、水生生物资源、渔业发展等。各论编入洪泽湖地区鱼类 11 目 18 科 89 种，书中较为详细地描述了各种鱼类的形态特征及生活习性等，为方便鉴别，附有彩图及检索表。

本书可供高等院校生物专业及水产专业师生阅读参考，也可为水产科研人员和湖泊水生态保护管理工作者提供借鉴。

《洪泽湖鱼类志》编撰委员会

主　　任　张胜宇

副 主 任　陈宇顺　谢松光

委　　员　赵维勇　孙大伟　陈爱林　邓毅军

主　　编　陈宇顺　张胜宇　谢松光

副 主 编　程　飞　穆　欢　屈　霄

编写人员　石智宁　杨　波　丁兆宸　田承宗

朱新宇　李文婷　范文霞　李梦影

辛　未　胡海峰　邱建松　姜　盟

前言

PREFACE

洪泽湖是我国第四大淡水湖，地处江苏省西北部，苏北平原中部西侧，淮安、宿迁两市境内，西纳淮河，南注长江，东通黄海，北连沂沭，地理条件优越，天然水域广阔，流域内独特的水系组成孕育了丰富的淡水鱼类区系。洪泽湖水生生物资源调查开展较早，1960年、1973年和1981年中国水产科学研究院长江水产研究所、中国科学院南京地理与湖泊研究所和洪泽县水产科学研究所等相关单位对洪泽湖的水产资源作了全面调查，为保护和增殖水产资源，合理综合开发洪泽湖提供了科学依据。1985年6月，全国41个单位的专家、学者和有关人员，在对洪泽湖进行实地考察和对各种资料进行分析研究的基础上，为洪泽湖综合开发利用作出了科学规划。在此基础上，1990年出版了《洪泽湖渔业史》，该书记录洪泽湖藻类7门36科98属，浮游动物4门32科69属，底栖动物3大类39种，水生植物2门18科，鱼类16科84种，较为完整地记录了洪泽湖所有水生生物类群组成名录。随着淮河蚌埠闸、二河闸及三河闸等水利工程的陆续修建，阻碍了江湖、河湖联通，洪泽湖鱼类区系多样性也随之发生了改变。具体表现为河海洄游性（如鳗鲡和东方鲀等）的消失，江湖洄游性鱼类（鳍、鳡和四大家鱼等）的减少。自2000年以后，历次洪泽湖鱼类调查采集记录种类在50～60种，并增加了黄尾鲴（*Xenocypris davidi*）、匙吻鲟（*Ployodon spathula*）、双带缟虾虎鱼（*Tridentiger bifasciatus*）等历史未记录鱼类。加之湖泊富营养化、渔业过度捕捞等原因，洪泽湖鱼类资源低龄化、小型化的发展趋势十分明显，刀鲚、鲫、银鱼、红鳍原鲌和黄颡鱼等小型低龄鱼类已占据了主导地位，洪泽湖鱼类资源发展态势一度不容乐观。为保护洪泽湖水生生物资源，促进水域生态环境有效改善，作为长江十年禁渔工作的重要内容，洪泽湖水域已于2020年10月10日实施全面禁捕。在洪泽湖经历单一捕捞渔业、捕养结合以养为主、超强度捕捞和大规模养殖、养殖捕捞“零增长、负增长”、退养还湖禁捕退捕等渔业不同发展阶段以及水利工程建设与调控、富营养化程度不断加大、渔业污染事故多发频发等生态环境发生重大变化后，湖泊鱼类区系组成和多样性已经较20世纪60年代有较大差异。因此，准确掌握当前时期洪泽湖鱼类区系组成和群落变动特征对于保护洪泽湖鱼类生物多样性和维持湖泊水生态系统安全至关重要，收集整理留存这些较为完善、系统的洪泽湖鱼类基础资料，对洪泽湖鱼类多样性保护以及鱼类资源合理开发利用具有重要意义。

2016—2023年，本书编写团队依托中国科学院前沿科学重点研究项目、科技部国家重点研发项目、国家自然科学基金项目、中国科学院特色所项目、洪泽湖渔业资源调查等项目对南水北调东线湖群特别是洪泽湖进行了为期8年的基础水环境及水生生物调查，收集了大量的第一手资料，在洪泽湖全湖及周边水域进行了广泛的鱼类采样和标本搜集，共采集到鱼类样本25 000余尾共63种，对洪泽湖当前鱼类群落组成、优势种、生态类型及分布水域有较为全面的了解。因此，这些工作为编纂《洪泽湖鱼类志》提供了比较扎实的基础。

本书在总论部分系统描述了洪泽湖地理环境概况、水生生物资源以及渔业发展情况，较为详实地阐述了洪泽湖历史调查研究情况及水生生物资源现状。各论部分结合实际采样及历史记载，共记录洪泽湖地区鱼类11目18科89种，对各鱼类形态特征进行了详细描述，并配有检索表和彩图，以便读者更为直观地鉴别。此外，对鱼类生活习性、地域分布等方面也有所涉及。本书鱼类图片标本主要来源于2023年洪泽湖3月、5月、7月、10月四次调查采集，以及前期的野外采样、南京江豚水生生物保护协会和中国科学院水生生物研究所水生生物博物馆馆藏标本。部分图片引自《太湖鱼类志》等参考资料，书中已做标注说明。本书是一部全面、系统记录洪泽湖鱼类研究的著作，可供高等院校生物专业及水产专业师生阅读参考，可供水产科研人员和湖泊水生态保护管理工作者参考使用。

在野外调查和本志的编撰过程中，得到了江苏省洪泽湖渔业管理委员会办公室等单位的大力支持，中国科学院水生生物研究所水生生物博物馆馆长何德奎研究员及团队、山东省淡水渔业研究院资源与环境研究中心主任李秀启研究员、中国科学院水生生物研究所郦厚骅博士等同志给予了很多帮助；南京江豚水生生物保护协会提供了部分鱼类原色图片。本书的出版得到了中国科学院水生生物研究所、江苏省洪泽湖渔业管理委员会办公室、淮安市水生生物研究中心、湖南科技大学、海南大学等单位的大力支持。在此，一并致以诚挚感谢。

衷心希望本书能为洪泽湖鱼类多样性保护以及渔业资源可持续利用作出微薄贡献。书中难免有不当或错漏之处，敬祈读者批评指正。

作者

2024 年 5 月 10 日

目录

CONTENTS

各 论

总论

1 洪泽湖地理概况

1.1 洪泽湖简述

洪泽湖（118°10′E～118°52′E，33°06′N～33°40′N）是我国第四大淡水湖，地处江苏省西北部，苏北平原中部西侧，淮安、宿迁两市境内；南望低山丘陵，北枕废黄河，东临京杭大运河（里运河），西接冈波状平原。它西纳淮河，南注长江，东通黄海，北连沂沭。在我国综合自然区划上，属暖温带黄淮海平原区与北亚热带长江中、下游区的过渡带（《中国自然区划概要》，1984）。

洪泽湖是淮河中下游一座湖泊型大水库。历史上湖区最大水位时，湖面积超过3 000km^2，水位在12.5m时，面积为2 069km^2。湖中有大、小滩头63个，总面积超过5 000hm^2，其中面积1 000亩*以上的滩头25个。湖面最大长度60km，最大宽度约58km、环湖周长超过350km。

1.2 洪泽湖形成及演变

洪泽湖是淮河流域最大的湖泊；就其成湖年代而言，在我国五大淡水湖泊中算是最年轻的一个。据可靠记载，“洪泽”之得名始于隋。唐《元和郡县志》载：“洪泽浦在盱眙县北三十里，本名破釜涧，炀帝幸江都，经此浦宿，时亢旱，至是降雨流泛，因改破釜为洪泽”。由此可见，洪泽得名，迄今尚不过1400年。今洪泽湖地区在汉及三国时期即为一小湖群区，为洪水潴积之所；直到南宋时期之前，这一小湖群区历经长期的开发治理，水面仍无大的变化。

洪泽湖开始演变成为一个比较辽阔的湖泊，是始于南宋之后；湖泊向外扩展的原因，主要是由于黄河南徙夺淮，淮河尾闾行洪受阻以及高家堰的不断扩建延伸所致。黄河南徙入淮，不仅给淮河输送大量洪水，同时也输进大量泥沙。由于黄河、淮河二水合流为一，流量增加，促使淮河在汇流处以上河段水位抬高；另一方面，因泥沙淤积，河床日

* 1亩≈666.67m^2。

高，行洪不畅，这又进一步导致淮河来水受到顶托。所以，南宋时期在黄河来水及来沙的双重作用下，遂致使淮河下游纳潮洼地积水扩大，洪泽湖地区小湖群逐渐连成一片，汇聚成一个较大的湖泊，这就是洪泽湖早期的形成过程。

进入明朝以后，洪泽湖积水面积不断扩大。明永乐十三年（公元1415年），筑高家堰以捍淮，标志着洪泽湖进入扩涨时期。黄河浊流入淮，不仅使淮河归海不得，由于大量泥沙在下游淤积，尾闾河床日高；洪泽湖巨浸日益扩涨，湖底也随之相应日高。万历六年（公元1578年）再次大筑高家堰，在武家墩以南，越城以北原有堤堰基础上，培筑成高一丈二三尺，长六十里的土坝，堵闭了洪泽湖东北部的决口。由此，洪泽湖也就成了淮河的一座巨型水库。到了清代，洪泽湖大堤续有增修，并次第改建石工；直至清乾隆十六年（公元1751年）全线石工基本完成，前后历时170余年。大堤北起武家墩，南迄蒋坝，婉蜒曲折，长超过60km。洪泽湖大堤历经明、清两代修建后，使湖水位高出大堤以东里下河地面4～6m，洪水时期达6～8m，使洪泽湖成为一个名符其实的“悬湖”。

新中国成立后，毛主席发出“一定要把淮河修好”的伟大号召，从此揭开了宏伟的治淮序幕，开辟了淮河历史的新纪元。洪泽湖的治理被列为治淮工程的重点。以该湖为淮河中、下游的调节水库，本着蓄泄兼顾，豫、皖、苏三省统筹的治理方针，大规模的水利建设相继展开。至1953年，先后建成高良涧进水闸（苏北灌溉总渠渠首）、高良涧船闸和三河闸。三河闸为洪泽湖的主要泄洪控制建筑物。该闸的建成，标志着洪泽湖转变为名符其实受人工控制的平原地区巨型水库。1954年后，又相继修建加固了洪泽湖大堤，续建了二河闸、高良涧水电站、三河船闸（蒋坝船闸），开挖了三河入江水道，并相继整治了淮河、安河和濉河等入湖河道，使洪泽湖的防洪标准和水库效益进一步提高。现在，洪泽湖已形成以三河闸入长江为淮河主流，以苏北灌溉总渠为入海主流，辅以二河闸出废黄河入海和经由杨庄水利枢纽入新沂河（淮沭新河），实现南北并疏（即江、海分疏）、四渠分流，使洪泽湖成为以防洪调蓄为主，兼有灌溉、供水、水产、航运、旅游、发电等多种功能综合利用的水库。

1.3
地貌特征

洪泽湖湖盆呈浅碟形，湖底十分平坦，真高一般在10～11m，最低凹的地段在7.5m上下，最高的水下淤滩在11～12m，其总的趋势为西高东低，北高南低，湖盆由西北向东南倾斜，与该区黄淮平原地势的总趋势相一致。

洪泽湖的西部为冈洼相间的波状地形，并行排列着沿西北－东南向延伸的四道低冈和三道浅洼，俗称“四冈三洼”；四条冈地的顶部起伏和缓，高程在20～50m，延伸于湖滨成为湖岬或半岛；介于冈地之间的三条洼地，高程在11～20m，凹入陆地成为湖湾。

洪泽湖南部为低山丘陵，地面高程一般为30～50m，很少有逾150m的。在淮河口右岸长约40km的一段，系由断裂作用所构成的断崖残丘，由盱眙沿淮而下，兀立的剥蚀残丘有天台山（146m）、甘泉山（60m）、龟山（30m）、大尖山（99m）等。

洪泽湖的东岸系一规棱宏大的人工大堤。大堤北起淮阴区的码头镇，透迤而南，止于盱眙县的老堆头，全长67.25km，堤顶高约20m，宽50m以上，陡然兀立，甚是雄伟。大堤以东为坦荡的黄淮冲积平原。近堤地段，平原高程一般在8～9m，向东逐渐降低，至里下河腹地，地面高程已在4m以下。由此，洪泽湖成了一个高悬于其东部平原之上的“悬湖”，万顷湖水全赖东岸的大堤作为屏障。

1.4
气候特征

洪泽湖地属我国北亚热带向南暖温带过渡地带，季风气候显著，四季分明，水热丰富，干湿、冷暖的年际差异较大。湖区平均日照率为52%（表1–1）；冰期10～20d，最长不超过1个月；年平均气温约14.8℃（表1–2）。夏秋季由于太平洋暖湿气流和北方冷空气的影响，经常有连绵阴雨和集中暴雨，并遭受台风影响；冬季北方冷空气南侵，气候干冷，降水稀少。

表1–1 洪泽湖地区各月份太阳辐射、日照分配

项目		1月	2月	3月	4月	5月	6月	7月
月总辐射（J/cm²）		24 797	24 679	37 208	41 286	49 061	47 739	47 899
日照（h）	月总量	167	153.9	182.7	191.9	219.6	211.8	201.8
	百分率（%）	52	49	50	49	52	50	47
项目		8月	9月	10月	11月	12月	全年	
月总辐射（J/cm²）		49 602	39 705	35 426	34 665	23 713	455 780	
日照（h）	月总量	239.4	189.7	198.9	170.7	169.6	2 296.7	
	百分率（%）	58	51	58	53	56	52	

注：引自《洪泽湖——水资源与水生生物资源》，1993。

表1-2 洪泽湖地区1959—1980年逐月气温

单位：℃

地区	1月	2月	3月	4月	5月	6月	7月	8月	9月	10月	11月	12月	全年
湖区	2.5	4.2	9.7	12.9	21.6	26.2	28.8	28.7	23.6	18.2	11.4	4.8	16.3
淮安	0.4	2.1	7.1	13.5	18.9	23.8	26.9	26.7	21.7	15.9	9.2	2.7	14.1
宝应	0.7	2.5	7.5	13.8	19.1	24.0	27.2	27.0	22.0	16.3	9.6	3.1	14.4
金湖	0.8	2.5	7.7	14.2	19.6	24.2	27.3	27.2	22.2	16.5	9.7	3.2	14.6

湖区受季风环流影响，冬季多来自高纬度大陆内部寒冷干燥的偏北风，夏季多来自低纬度太平洋上的偏南风，炎热湿润。每年冬季，在冬季风的影响下，当从北冰洋的小型冷气流辐射中心导源的冷气流掠过黄海沿岸到达江苏腹地时，会延缓春温的回升速度。湖区受此影响而春温低，当极地大陆气团向东延伸，即有强度不同的冷锋过境，届时温度急剧下降，北风增大，间或可出现降水，但量小，常是干燥、寒冷、少雨的天气。春季，为夏季风的转换季节，以来自太平洋上的东南风为主，空气暖湿，降水量增加。此时，冷暖气团活动频繁，天气多变，平均风力为全年最大。夏季，受大陆热低压控制，西太平洋副热带高压势力增强并西进，此时极锋平均位置移入本区，降水量高度集中，多暴雨。洪泽湖区属淮河流域中游地区，是梅雨和台风、气旋雨多发地域，梅雨锋带可在这里停留较久，形成洪涝水患。但有些年份，梅雨和气旋少而导致久旱，使湖区的年际降水变率大。秋季，冷空气迅速替代热气团，太平洋高压势力减弱，蒙古高压向南逼近，当大陆气团在此稳定而变为暖性高压时，大气层结极为稳定，出现秋高气爽的天气；但当大气环流反常时，也可出现秋雨绵绵的天气。10月或以后，蒙古高压南下，近地面层以极地大陆气团为多，高空的西风环流已南移到西部高原以南，本区凉秋骤寒，进入降冬季节。

因受季风气候的影响，洪泽湖区的降水量较为丰沛。据资料统计，多年平均降水量为925.5mm。冬半年，受冬季风控制，降水量少；夏半年，因东南季风从海上带来了丰富的水汽，形成梅雨，气旋雨、雷暴雨及台风雨等，降水量增加，汛期（6—9月）降水量为605.9mm，占年总量的65.5%。按季节而言，洪泽湖区有三个雨季：4—5月为春雨、6月底至7月初为梅雨、9月为秋雨，汛期各月均有暴雨发生。从降水的年内分配分析可知，7月降水量最多，8月次之，1月最少。12月份，由于受湖泊水域的影响，洪泽湖湖区的降水比江苏北部其他地区要多些。夏季副热带高压和西伯利亚冷高压系统的活动中心变化不定，当冷暖气流在淮河流域一带交绥并趋于稳定时，造成流域性的阴雨绵绵，降水过多；有些年份，因副热带高压过强或西伯利亚冷气团势力过强，形成干旱气候。洪泽湖地区各季节蒸发量见表1-3。

表 1-3　洪泽湖地区各季节蒸发量

单位：mm

地区	春	夏	秋	冬	全年
洪泽	162.1	195.1	123.5	64	1 570.8
泗洪	183.8	226.6	133	67.7	1 833.1
金湖	144	171	102.3	54.9	1 416.5
盱眙	152.3	195	111.7	56.9	1 548.2
平均	160.6	196.9	117.6	60.9	1 592.2

注：引自《洪泽湖——水资源与水生生物资源》，1993。

1.5
水文水系

洪泽湖属过水性湖泊，水域面积随水位波动较大，在正常蓄水水位12.5m时，湖泊长度65.0km，最大宽55.0km，平均宽度24.3km，平均水深1.77m，面积达2 069km^2，容积为31.27×10^{8}m^3。洪泽湖位于淮河中游，废黄河以南，西承淮水、东通黄海、南注长江、北连淮沭新河，为一受人工控制的大型浅水湖泊。汇入洪泽湖的较大河流分布在湖西部分，如淮河、新汴河、濉潼河、濉河、怀洪新河、徐洪河等；出湖河渠有入江水道工程、苏北灌溉总渠、淮沭新河等分布在湖东地区。

淮河系入洪泽湖的最大河流和湖水量的主要补给来源，占入湖总水量的70%以上。淮河源于鄂、豫交界的桐柏山，从淮河源头到豫、皖两省交界处的洪河口为上游，河流两岸山丘起伏；自洪河口至洪泽湖为中游，干流两侧湖洼地较多，中游北岸是平原坡水地，南岸则多丘陵地；洪泽湖以下为下游段，淮河出洪泽湖分两路下泄水量：大部分水量经洪泽湖大堤南端的三河闸，过高邮湖，在三江营入长江；另一路经湖东大堤北段的高良涧进水闸，经苏北灌溉总渠，在扁担港入黄海；特大洪水年可以从湖大堤的北端二河闸，经分淮入沂水道，进新沂河注入黄海。下游地势平坦，水网交错，湖泊星罗棋布。从淮河源头到入江或入海的河长大致相等，约为1 000km，全流域面积26.9×10^{4}km^2（其中洪泽湖以上流域面积15.8×10^{4}km^2），总落差约200m，平均比降万分之二，入湖最大流量为26 500m^3/s（1931年）。

入江水道为洪泽湖洪水出路的骨干工程。湖内洪水出三河闸，进三河、入江水道（金沟改道）、高邮湖、邵伯湖等，经六闸入里运河，出全家湾新河、凤凰河东闸，又经芒稻闸等后，至三江营入长江；全长157.2km。洪泽湖湖水的另一出水线路为苏北灌溉总渠；湖水经高良涧进水闸进灌溉总渠向东泄水，至扁担港附近入黄海，全长168km。

洪泽湖水位的变化，受多种因素所制约，其主导因素则是受入湖和出湖流量的变化所控制。汛期，气压、风、局部地区的暴雨也可引起水位瞬时变化。现在洪泽湖各出水口均已建闸控制，其建闸前、后的水位变化特征显示出明显的差异。建闸前，水位变幅大，多年平均水位为10.60m，最大年变幅6.67m（1931年），最小年变幅1.40m（1918年），绝对变幅7.38m。自1953年三河闸建成后，水位变幅相形减小，多年平均水位12.42m，建闸前后年平均水位相差在1.82m（图1-1）。洪泽湖不同区域水位变化过程有所差异。湖区的西部，水位变化一般比较平稳。湖区东部的局部地区，如蒋坝、高良涧，因分别受三河闸和高良涧进水闸启闭的影响，当闭闸时水位会有显著的上升过程，闸门开启时水位又会有显著的下降过程。

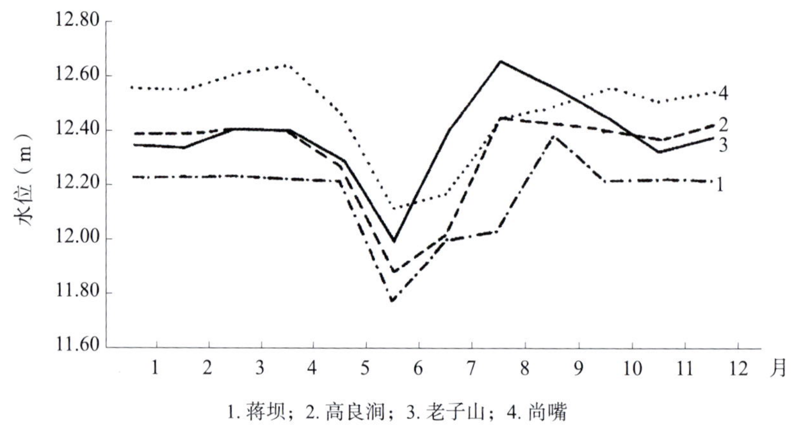

图1-1　洪泽湖三河闸建成后多年平均月水位过程线

注：引自《洪泽湖——水资源与水生生物资源》，1993。

1.6 调水工程

洪泽湖是江苏省江水北调工程和国家南水北调东线工程的重要蓄水湖泊。江苏省江水北调工程始建于20世纪60年代，是一项扎根长江、实现江淮沂沭泗统一调度、综合治理、综合利用的工程。江水北调工程以江都站为起点、京杭运河为输水骨干河道，通过由南至北布置的9个梯级泵站及总长404km干线输水河道经过洪泽湖、骆马湖调蓄，可将江水送到南四湖下级湖，工程可覆盖保障苏中、苏北7市50县（市、区）、6.3×10^4km^2、300×10^4hm^{2}耕地、4 000万人口，向北最远可送水至徐州丰沛地区，向东北最远可补水至连云港石梁河水库。至21世纪初沿途已建成江都、淮安、淮阴、泗阳、刘老涧、皂河、刘山、解台、沿湖等9级抽水泵站。江水北调工程以长江水补充淮沂沭泗水水量之不足和协调来水与需水在时空分布上的矛盾，为苏北地区工农业生产、城市生活、航运和生态提供水源，并承担苏北地区部分泄洪排涝任务。

为解决南方水多，北方水少，水资源空间分布不平衡以及年内或年际变化大的问题，我国启动了南水北调工程，由长江向黄淮海平原东部和胶东地区和京津冀地区提供生产生活用水。南水北调东线工程，简称东线工程，是指从江苏扬州江都水利枢纽提水，途经江苏、山东、河北三省，向华北地区输送生产生活用水的国家级跨省界区域工程。《南水北调东线工程规划》于2001年修订完成，东线一期新增主体工程2002年12月开工建设，2013年3月完工，2013年8月15日通过全线通水验收，2013年11月15日正式通水。东线工程是在现有的江苏省江水北调工程、京杭运河工程、淮河现有工程和其他相关工程基础上建设的，通过江苏省扬州市江都水利枢纽从长江下游干流提水，沿京杭大运河逐级翻水北送，连通高邮湖、洪泽湖、骆马湖、南四湖、东平湖，并作为调蓄水库，经泵站逐级提水进入东平湖后，分水两路，一路向北穿黄河后自流到天津；另一路向东经新辟的胶东地区输水干线接引黄济青渠道，向胶东地区供水。

1.7 水质状况

由于洪泽湖属于典型过水型湖泊，淮河占全湖年补给水量的70%，洪泽湖渔业环境好坏关键在于上游淮河城镇对工业与生活污水的治理。洪泽湖的水质状况受人类活动影响随时间逐渐发生转变。1970—1980年，洪泽湖水体氮、磷含量相对较少，为Ⅱ类以上水质，酚类和汞污染程度较轻。1980—1990年，随着入湖工业污水和生活污水量的增加，渔业环境污染程度加重，水质为Ⅲ类。1990—2000年洪泽湖水质为Ⅳ类，同时存在营养型污染和有机化学污染。生态环境部发布的《中国环境状况公报》指出，2000—2020年洪泽湖处于轻度富营养状态，水质处于Ⅳ～劣Ⅴ类之间，主要污染指标为总氮和总磷。江苏省渔业生态环境监测站监测数据表明：2004—2014年，洪泽湖总氮含量呈明显下降趋势，2004—2006年为劣Ⅴ类水质，2007—2009年为Ⅴ类，2010—2014年为Ⅲ类，洪泽湖总氮八年提高三个等级，总氮含量在2006—2012年连续六年下降，2012年较2004年下降76.9%；洪泽湖总磷含量多年来总体保持稳定；2016—2020年，高锰酸盐指数年均值差别不大，基本符合地表水Ⅲ类水质标准；氨氮有所波动，整体符合地表水Ⅱ类标准；总氮、总磷和石油类呈下降趋势。

中国科学院水生生物研究所监测数据表明：2020—2023年，洪泽湖水环境总体表现出逐步改善趋势；关键指标如透明度、溶解氧呈现稳定或逐年上升趋势，水温、水深、酸碱度、盐度、化学需氧量、叶绿素a浓度三年保持基本稳定，氨氮、硝态氮、总磷总体呈波动下降趋势。总磷结果显示2021年之前全湖大部分表现为Ⅳ和Ⅴ类水质，水质较差；2021年及之后，氨氮、硝态氮、总磷全湖逐渐改善，仅有少数调查点为Ⅴ类水质。自2020年10月洪泽湖禁捕退捕以来，水生生态得到有效改善，对有效保护洪泽湖水生生物资源起着关键作用。调查结果体现了禁捕退捕对洪泽湖的水质改善具有正面作用。2023年调查表明，洪泽湖水环境状况总体延续2022年状况，表现出逐步改善趋势；关键指标如透明度、溶解氧呈现逐年上升趋势，水温、水深、酸碱度、盐度、化学需氧量、叶绿素a浓度保持基本稳定，氨氮、硝态氮、总磷呈下降趋势。2008—2023年洪泽湖水质特征见表1-4。

表1-4　2008—2023年洪泽湖水质特征

年份	溶解氧（DO）（mg/L）	化学需氧量（COD_{Mn}）（mg/L）	氨氮（NH_3-N）（mg/L）	总氮（TN）（mg/L）	总磷（TP）（mg/L）	叶绿素a浓度（Chl.a）（mg/L）
2008	8.22±2.29	4.46±0.42	0.46±0.23	1.83±0.71	0.09±0.01	
2009	8.36±2.18	4.36±0.40	0.25±0.05	1.36±0.37	0.08±0.03	
2010	8.81±2.43	4.88±0.41	0.27±0.11	1.64±0.63	0.09±0.02	
2011	8.60±2.41	4.85±0.58	0.28±0.17	1.84±0.58	0.09±0.02	0.013±0.005
2012	8.74±2.21	4.54±0.45	0.25±0.09	2.05±0.78	0.09±0.03	0.012±0.011
2013	8.81±1.76	4.51±0.63	0.29±0.10	1.69±0.45	0.08±0.02	0.013±0.005
2014	9.05±1.74	4.25±0.66	0.27±0.10	1.62±0.26	0.09±0.03	0.007±0.003
2015	9.70±1.85	4.15±0.42	0.17±0.03	1.35±0.23	0.08±0.02	0.009±0.005
2016	9.41±1.60	3.95±0.33	0.17±0.03	1.88±0.53	0.07±0.02	0.005±0.003
2017	9.34±1.58	3.87±0.39	0.17±0.05	1.80±0.60	0.07±0.03	0.004±0.002
2018	9.41±1.98	3.77±0.33	0.22±0.07	1.89±0.46	0.09±0.03	0.005±0.003
2019	9.22±1.28	4.33±0.64	0.23±0.07	2.05±0.78	0.09±0.03	0.009±0.004
2020	9.52±1.78	4.06±0.51	0.20±0.05	1.69±0.45	0.08±0.02	0.013±0.003
2021	9.07±1.63	3.98±0.49	0.17±0.07	1.62±0.26	0.09±0.03	0.017±0.003
2022	8.98±1.29	4.25±0.63	0.22±0.05	1.80±0.60	0.08±0.02	0.009±0.005
2023	9.03±1.58	4.10±0.45	0.19±0.03	1.89±0.46	0.07±0.03	0.008±0.003
均值	9.02±1.85	4.27±0.48	0.23±0.08	1.75±0.51	0.08±0.02	0.010±0.004
类别	Ⅰ	Ⅲ	Ⅱ	Ⅴ	Ⅳ	

2 水生生物资源

2.1 历史研究概述

洪泽湖水生生物资源调查开始较早，1960年、1973年和1981年中国水产科学研究院长江水产研究所、中国科学院南京地理与湖泊研究所和洪泽县水产科学研究所等相关单位对洪泽湖的水产资源作了全面调查，为保护和增殖水产资源，合理综合开发洪泽湖提供了科学依据。1985年6月，全国41个单位的专家、学者和有关人员，在对洪泽湖进行实地考察和对各种资料进行分析研究的基础上，为洪泽湖综合开发利用作出了科学规划。以此为契机，洪泽县成立《洪泽湖渔业史》编写组，于1990年出版了《洪泽湖渔业史》。该书系统整理了洪泽湖水生生物资源资料，较为完整地记录了洪泽湖所有水生生物类群组成名录；主要依据的数据资料是1981年洪泽县水产科学研究所的调查结果。《洪泽湖渔业史》记录洪泽湖藻类7门36科98属，浮游动物有4门32科69属，底栖动物3大类39种，水生植物2门18科，鱼类16科84种。中国科学院南京地理与湖泊研究所是较早开展洪泽湖综合研究的单位，在近30年的工作基础上，于1993年出版《洪泽湖——水资源与水生生物资源》专著，书中较详细地论述了洪泽湖的形成过程及其水文气候、水资源和水生生物状况，其中记录藻类141属165种，浮游动物35科63属91种，底栖动物3大类76种，水生植物36科61属81种，鱼类9目16科50属67种。

洪泽湖水生生物资源研究以鱼类调查较有代表性。梳理洪泽湖鱼类的调查过程，发现较为全面的调查有6次，分别为1960年中国水产科学研究院长江水产研究所调查记录鱼类15科55种，1973年中国科学院南京地理与湖泊研究所记录鱼类15科81种，1981年洪泽县水产科学研究所记录鱼类16科84种，1990年中国科学院南京地理与湖泊研究所记录鱼类16科67种。2004年江苏省淡水水产研究所记录鱼类18科83种。2008—2018年，江苏省海洋与渔业局设立专项“江苏省内陆省管渔业水域渔业资源监测项目”，江苏省淡水水产研究所每年在洪泽湖开展鱼类调查采集的种类基本是50～60种。2011—2013年中国科学院水生生物研究所调查记录鱼类17科63种，统计排除同种异名和鉴定错误的种类，共记录有效种类88种。2016—2020年，江苏省海洋与渔业局（2018年机构改革后，“江苏省海洋与渔业局”撤销，实施主体为“江苏省农业农村厅”）组织江苏省淡水水产研究所、中国水产科学研究院淡水渔业研究中心等6家科研单位，开展了“江苏省水生生物资源重大专项暨首次水生野生动物资源普查”，按照项目任务分工，江苏省淡水水产研究所对洪泽湖水生生物资源开展了四个频次的调查，采集鱼类14科37属48种。2020—2022年，中国科学院水生生物研究所连续3年开展洪泽湖渔业资源调查，采集鱼类14科59种。结合上述历史记录，洪泽湖迄今为止累计记录鱼类20科101种。

2.2 浮游植物

2.2.1 种类组成及优势种

洪泽湖浮游植物的研究始于1960年，关于洪泽湖浮游植物研究的诸多报道都涉及藻类的多样性。1987—1990年洪泽湖共记录藻类141属165种，以绿藻门、蓝藻门和硅藻门的种类最多；其中蓝藻门有22属38种，微胞藻、色球藻、蓝纤维藻、项圈藻、颤藻等属中一些种类为常见种，而微胞藻、色球藻、颤藻以及尖头藻等属中的一些种类为某一季节或几个季节里的优势种，尤其是微胞藻属等种类在夏、秋季节生长繁殖特别旺盛，在洪泽湖局部区域形成水华（朱松泉和窦鸿身，1993）。王兆群（2012）周年逐月采样调查检出7门217种，优势种为蓝藻门、硅藻门、绿藻门、隐藻门；田昌（2015）在2011—2013年连续两周年逐月采样调查出8门101属201种，优势种为绿藻门、硅藻门、蓝藻门。浮游植物群落结构季节变化明显，演替模式为：绿藻－硅藻－隐藻（春季）－绿藻－蓝藻－硅藻（夏季）－绿藻－隐藻－蓝藻（秋季）－绿藻－硅藻－隐藻（冬季）。

中国科学院水生生物研究所2020—2023年调查共采集鉴定浮游植物8门181种；其中绿藻门种类98种（属），占总物种数的54.14%；蓝藻门32种（属），占总物种数的17.68%；硅藻门25种（属），占总物种数的13.81%；裸藻门13种（属），占总物种数的7.18%；甲藻门4种（属，含变种），占总物种数的2.21%；隐藻门、金藻门和黄藻门各3种（属），分别占总物种数的1.657%。调查期间洪泽湖浮游植物群落结构基本保持稳定，以绿藻、蓝藻和硅藻为主。

2.2.2 密度及生物量

根据1989年9月的调查资料，调查时正值秋初，水温较高，适合于蓝、绿藻尤其是蓝藻的生长繁殖，故藻类数量以蓝藻最高，其次为绿藻和隐藻，平均数量分别为279.2×10^5cells/L、141.68×10^5cells/L和62.62×10^5cells/L，各占藻类平均数的51.52%、26.15%和11.56%，硅藻为46.34×10^5cells/L，占8.55%，裸藻、甲藻的数量很少，分别只占平均数的2.10%和0.12%。洪泽湖面积大，湖区环境条件复杂，采样点之间的各门藻类数量变化幅度较大。春季是绿藻大量繁殖的季节。因为入春后日光逐渐增强，水温亦逐步上升，适宜于绿藻的生长繁殖；夏季日光强烈，水温达年内最高值，绿藻衰退而适宜高温的蓝藻大量出现；秋季日光逐渐减弱，水温渐降，蓝藻的生长繁殖受到影响而大减，绿藻虽稍盛，但其数量远不及春季；冬季日照较短，日光较弱，绿藻锐减，蓝藻罕见，连适应低温的金藻数量亦减少，几乎所有主要藻类数量都降到最低值。硅藻在一年中数量变化不大；裸藻、金藻和甲藻的数量都很少，对洪泽湖藻类数量的变化影响均不大。

2020年全湖的浮游植物密度为3.56×10^7cells/L。在浮游植物细胞密度中，绿藻所占比例最高，为67.49%；蓝藻所占比例次之，为29.73%；硅藻、隐藻、裸藻、甲藻所占比例分别为2.12%、0.63%、0.03%和0.01%。2021年调查的浮游植物细胞密度为1.07×10^7cells/L，蓝藻和绿藻的密度水平相近，分别为4.71×10^6cells/L和4.17×10^6cells/L，所占比例分别为44.14%和39.08%，硅藻、隐藻、裸藻、甲藻、金藻所占比例分别为0.07%、3.89%、12.75%、0.03%和0.10%，构成蓝-绿藻型水体。2022年调查的浮游植物细胞密度为8.69×10^7cells/L，蓝藻和绿藻的密度水平相近，分别为3.22×10^7cells/L和2.63×10^7cells/L，所占比例分别为37.05%和30.26%，硅藻、裸藻、甲藻、黄藻、金藻、隐藻所占比例分别为19.68%、1.50%、2.53%、4.03%、4.26%和0.69%。2023年调查的浮游植物细胞密度为1.71×10^7cells/L，蓝藻和绿藻的密度水平相近，分别为7.54×10^6cells/L和9.16×10^6cells/L，所占比例分别为54%和44%，硅藻所占比例为2%，裸藻、甲藻、金藻、隐藻所占比例均低于1%。从浮游植物密度组成来看，2020—2023年洪泽湖构成蓝-绿藻型水体。

2.2.3 空间分布

洪泽湖浮游藻类物种组成和细胞密度在空间上差异显著。全湖尺度上，成子湖区藻类密度最大，其次为溧河洼区域，而入湖口、二河闸和三河闸区域则较小。一方面，藻类的分布与湖泊水动力学条件分布具有一致性。洪泽湖南部湖区，流速及其梯度变化最大，受湖泊吞吐流影响最大。在吞吐流作用初期，以河口扩散流形式向湖区敞水面波及，在出入湖河口扩散流连成一体，湖流流态表现为吞吐流形式后，洪泽湖南部近岸湖区可形成淮河口绕老子山至三河口一线的高流速带。该区换水周期短、更新快，不利于藻类的生长繁殖。成子湖地区远离淮河和濉河等主要出入湖河流的河口，受洪泽湖吞吐流影响最小、水体流缓慢、水体滞留时间长，为藻类的生长繁殖提供了良好的场所，适宜营养条件下数量显著增长。另一方面，水体营养盐浓度也是影响藻类细胞密度空间分布的重要因素。

2.3 浮游动物

2.3.1 种类组成及优势种

洪泽湖浮游动物多样性相对较高。1989年记录洪泽湖浮游动物35科63属91种，其中原生动物15科18属21种；轮虫9科24属37种；枝角类6科10属19种；桡足类5科11属14种。原生动物占浮游动物出现总数的23.1%、轮虫40.7%、枝角类20.9%、桡足类15.4%。出现种类最多的是臂尾轮虫属，多达6种。江苏省淡水水产研究所2008—2010年对洪泽湖浮游动物调查共监测调查浮游动物53种，其中轮虫为优势种类；共记录轮虫17属34种。轮虫种类的空间分布格局呈现较大差异，种类数在北部成子湖最高（27种），西南部湖区次之（26种），东部沿岸带最低（19种）。中国科学院水生生物研究所2020—2023年共监测到浮游动物三大类100种；其中轮虫采集48种，是最优势类群，占全部种类数的48%；桡足类采集29种，枝角类采集23种，各占全部种类数的29%和23%。

2.3.2 密度及生物量

根据1989年9月洪泽湖22个采样点的水样分析，全湖浮游动物的平均数量为1 458.8个/L。其中原生动物1 239.2个/L，占84.9%；轮虫为166.4个/L，占11.4%；枝角类为16.6个/L，占1.2%；桡足类为36.6个/L，占2.5%。各类群数量变化范围：原生动物433～3 200个/L，轮虫0～930个/L，枝角类1.6～75.6个/L，桡足类8～153.6个/L。变化幅度最大的是原生动物，其绝对差异达2 767个/L，最小的枝角类为74个/L，各类动物占浮游动物总数的变化范围是：原生动物65%～96.4%，轮虫0～32.3%，枝角类0.2%～5.8%，桡足类0.5%～9.0%。变化幅度最大的是轮虫，达32.3%，最小的枝角类为5.6%。全湖原生动物平均数量为1 239.2个/L，在22个采样点中大于均数的有8个，占总采样点的36.4%。原生动物数量占浮游动物总数量的84.9%，是导致不同样点浮游动物数量差异的主要因素。洪泽湖浮游动物生物量全湖平均为1.244 5mg/L。其中原生动物平均为0.062mg/L，占浮游动物生物量平均数的5%；轮虫为0.199 4mg/L，占16%；枝角类为0.401 5mg/L，占32.3%；桡足类为0.581 4mg/L，占46.7%。

据中国科学院水生生物研究所2020年监测调查，洪泽湖浮游动物密度均值为675.75个/L。其中，轮虫所占比例最高，为64.98%；枝角类所占比例次之，为30.39%；桡足类所占比例最低为4.63%。2021年调查的浮游动物密度平均数为1 339个/L，其中，轮虫类平均密度为1 030.21个/L，占总密度的76.94%，枝角类平均密度为176.55个/L，占总密度的13.19%，桡足类平均密度为132.23个/L，占总密度的9.88%。2022年调查的浮游动物密度平均数为1 454.68个/L，其中，轮虫类平均密度为1 031个/L，占总密度的70.87%；枝角类平均密度为279.18个/L，占总密度的19.19%；桡足类平均密度为144.50个/L，占总密度的9.93%。2023年度共监测到浮游动物4大类28种；其中原生生物采集4种（属），占总数的14%；轮虫采集7种（属），占全部种类数的25%；枝角类9种（属），是最优势类群，占全部种类数的32%；桡足类采集8种（属），占全部种类数的29%。2023年调查的浮游动物密度平均数为102.03个/L，较2022年呈现明显降低趋势，其中，原生生物平均密度为48.38个/L，占总密度的48%；轮虫类平均密度为36个/L，占总密度的35%；枝角类平均密度为2.99个/L，占总密度的3%；桡足类平均密度为14.66个/L，占总密度的14%。

2.3.3 空间分布

洪泽湖浮游动物分布存在明显的时空格局。首先，浮游动物主要摄食浮游植物，其个体密度的时空格局在很大程度上应该受浮游植物细胞密度时空格局的影响。浮游动物个体密度的时间格局与浮游植物细胞密度的时间格局基本一致，表现为夏季和秋季密度较高，冬季和春季密度较低；然而，空间格局上，两者没有表现出完全的一致性。例如，浮游植物细胞密度在成子湖和溧河洼区域密度较高，而入湖口、二河闸和三河闸区域则密度较小。而浮游动物个体密度表现为成子湖区浮游动物个体密度较高，而溧河洼湖区、老子山至三河口一线的高流速带个体密度均很低。此外，与浮游植物细胞密度一样，浮游动物个体密度同样也受到水动力、水温、水位和营养盐等特征的调节。

2.4 大型底栖动物

2.4.1 种类组成及优势种

《洪泽湖——水资源与水生生物资源》（1993）根据1989年9月的调查和历史资料，记载大型底栖动物共75种，分别属于环节动物3纲6科7属7种、软体动物2纲11科25属43种、节肢动物3纲22科25属25种。有些种类只鉴定到科或属，故洪泽湖实际种类数应超出上述种数。洪泽湖底栖动物以寡毛纲占优势，不论从种类数、出现率，还是密度或生物量都占全部种类的95%以上。软体动物中，河蚬是优势种，全湖性分布，几乎各采样点均有，其生物量占湖区底栖动物总现存量的94.7%。此外，环棱螺、淡水壳菜也较多。

洪泽湖2020—2022年共采集到大型底栖动物31种，其中节肢动物种类数量有11种，占物种总数的35.48%；环节动物有7种，占物种总数的22.58%；软体动物的种类有13种，占总数的41.94%。洪泽湖大型底栖动物常见种类以软体动物为主，包括有河蚬、铜锈环棱螺、方形环棱螺、长角涵螺和大沼螺等。

2020年共采集到大型底栖动物10种，隶属于8科中的10属。其中，节肢动物种类数量有4种，隶属于同4科的4个属，占物种总数的40.0%；环节动物有2种，隶属于1个科的2个属，占物种总数的20.0%；软体动物的种类有4种分属4科，占总数的40.0%，其中腹足纲有2种占软体动物总物种数的50.0%，瓣鳃纲有2种占软体动物总物种数的50.0%。2021年调查期间共采集到大型底栖动物21种，其中节肢动物种类数量有5种，占物种总数的23.81%；环节动物有7种，占物种总数的33.33%；软体动物种类数最多，有9种，占全部物种总数的42.86%。2022年调查期间共采集到大型底栖动物28种，其中节肢动物种类数量有11种，占物种总数的39.29%；环节动物有7种，占物种总数的25%；软体动物的种类有10种，占总数的35.71%。

2.4.2 密度及生物量

洪泽县水产研究所（1982）对洪泽湖底栖动物进行了周年调查。全湖底栖动物平均密度为174.48个/m^2，其中环节动物占5.44%，软体动物占92.65%，节肢动物占1.91%；全湖平均生物量为172.416g/m^2。其中，环节动物占0.19%，软体动物占99.78%，节肢动物占0.03%。同时估算了全湖总现存量达33.79×10^{4}t（不包括虾蟹类）。《洪泽湖——水资源与水生生物资源》（1993）记录1989年9月的调查结果，洪泽湖底栖动物平均密度为138.7个/m^2，其中环节动物平均密度为13.3个/m^2，占底栖动物总数的8.87%；软体动物平均密度为101.1个/m^2，占底栖动物总数的73.6%；节肢动物平均密度为24.3个/m^2，占底栖动物总数的17.53%。底栖动物平均生物量为91.848 5g/m^2，其中环节动物平均生物量为0.314 1g/m^2，占底栖动物总量的0.34%；软体动物平均生物量为89.872 9g/m^2，占底栖动物总量的97.85%；节肢动物平均生物量为1.661 5g/m^2，占底栖动物总量的1.81%。

2020年洪泽湖大型底栖动物的平均生物量为1 554.5g/m^2，其中软体动物生物量最高，达1 552.7g/m^2，占平均生物量的99.9%，节肢动物生物量为1.7g/m^2，占平均生物量的0.1%，环节动物生物量最低，为0.1g/m^2。2021年调查的底栖动物平均生物量为125.72g/m^2。其中软体动物生物量最高，达66.11g/m^2，占平均生物量的52.58%，其次是环节动物，平均生物量为59.47g/m^2，占平均生物量的47.30%，节肢动物生物量最低，为0.14g/m^2，占比为0.11%。2022年调查的底栖动物平均生物量为212.57g/m^2。其中软体动物生物量最高，达148.93g/m^2，占平均生物量的70.06%，其次是环节动物，平均生物量为63.51g/m^2，占平均生物量的29.88%，节肢动物生物量最低，平均生物量为0.13g/m^2，占平均生物量的0.06%。

2.4.3 空间分布

在洪泽湖软体动物中，河蚬是优势种，全湖性分布。螺类主要分布在湖西区，特别是穆墩、临淮、新河头、姚沟路一带水生植物丰富的地方，淮河入湖河段和成子湖数量也较多，湖区其他水域数量较少，由于食性的不同，螺类多栖息于水草茂密的区域，有的种类如椎实螺等直接以水草为食，有的种类则喜食附着在水草茎叶上的藻类。在特殊情况下，如湖水退落，螺类被迫向湖水退落方向移动，会造成高密度分布。蚌类在洪泽湖主要分布在周桥至蒋坝、老子山至盱眙一带的水域。在临淮、半城、尚咀及成子湖内也有一定的数量。蚌类的优势种是圆顶珠蚌、背角无齿蚌、三角帆蚌、褶纹冠蚌、高顶鳞皮蚌和背瘤丽蚌等。

2.5 大型水生植物

2.5.1 种类组成及优势种

三河闸修建之前，洪泽湖水生植物繁茂，分布面积占湖区总面积的90%。但随着1953年三河闸的修建，湖区水位升高，湖区水生植被分布面积逐年缩小。1965—1980年，由于围湖垦殖，水生植被分布面积约占34.44%。《洪泽湖——水资源与水生生物资源》(1993)记录洪泽湖的水生高等植物有81种，隶属于36科、61属。其中的单子叶植物最多，有43种，占总数53.09%；双子叶植物次之，有34种，占41.97%；蕨类植物最少，仅4种，占4.94%。按生态类型分，有沉水植物13种，浮叶植物7种，漂浮植物10种，挺水植物和湿生植物51种。洪泽湖水生高等植物的优势种是芦苇、蒲草、菰、莲、李氏禾、水蓼、喜旱莲子草、荇菜、菱、马来眼子菜、金鱼藻、聚草、菹草、黑藻、苦草、水鳖、满江红和槐叶苹等。

2019年，江苏省洪泽湖渔业管理委员会办公室（以下简称洪泽湖渔管办）联合曲阜师范大学开展洪泽湖湿生植物普查调查，共收集水生植物255种，隶属于151属，60科。其中，蕨类植物4科5属6种；裸子植物1科2属3种；被子植物55科144属246种。按照从水体、水岸交界处、消落带到缓冲带的分布规律，依次分为沉水植物、漂浮植物、根生浮叶植物、挺水植物或湿生植物，其中沉水植物11种，占湿地植物总数的4.31%，如菹草、金鱼藻、黑藻、苦草、穗状狐尾藻、竹叶眼子菜等；漂浮植物6种，占湿地植物总数的2.35%，如喜旱莲子草、水鳖、槐叶苹、满江红、浮萍、紫萍等；根生浮叶植物9种，占湿地植物总数的3.53%，如野菱、荇菜、芡实、睡莲等；挺水植物229种，占湿地植物总数的89.80%，如狭叶香蒲、芦苇、高秆莎草、头状穗莎草、菰、莲、花蔺、酸模叶蓼、水葱、三棱水葱、扁秆藨草、双穗雀稗、旋鳞莎草、白鳞莎草、翼果薹草、碎米莎草等。调查发现江苏新分布植物4种，分别是竹节菜、疣果飘拂草、细匍匐茎水葱、断节莎。

2.5.2 群落分布

《洪泽湖——水资源与水生生物资源》(1993)记录的81种植物中，分布面积最广的是马来眼子菜、聚草和金鱼藻，植被区的大部分水域都有分布，以溧河洼、扬老洼、成子湖沿岸等地较多。苦草和黑藻属沉水植物，主要分布于溧河洼口、候咀洼及各航道中。菹草属沉水植物，成片分布于安河洼、大滩洼和王岗洼，尤其各航道两边的水域生长最多。

2019年调查洪泽湖水生植被在空间上的分布特征为：湿生或挺水植物群落，如芦苇群落、狭叶香蒲群落、菰群落、酸模叶蓼群落、头状穗莎草＋高秆莎草群落、旋鳞莎草＋白鳞莎草群落、莲群落分布于湖岸浅水或湿地处。浮叶或漂浮植物群落，如芡实群落、荇菜群落、水鳖群落、喜旱莲子草群落、槐叶苹群落、满江红群落、紫萍＋浮萍群落等分布于敞水区及岸边浅水的水面上。沉水植物群落，如竹叶眼子菜群落、苦草群落、金鱼藻群落、黑藻群落、菹草群落、篦齿眼子菜群落、穗状狐尾藻群落等分布于敞水区及岸边浅水中。

2.6 鱼类

2.6.1 种类组成

专家们对洪泽湖鱼类有过6次较为全面的调查，分别为1960年中国水产科学研究院长江水产研究所调查记录鱼类15科55种，1973年中国科学院南京地理与湖泊研究所记录鱼类15科81种，1981年洪泽县水产科学研究所记录鱼类16科84种，1990年中国科学院南京地理与湖泊研究所记录鱼类16科67种。2004年江苏省淡水水产研究所记录鱼类18科83种。自2000年以后，洪泽湖鱼类调查采集的种类基本是50～60种。2010—2011年中国科学院水生生物研究所调查记录鱼类17科63种，排除同种异名和鉴定错误的种类，共确定有效种类88种。江苏省洪泽湖渔业管理委员会办公室参与主编的《洪泽湖水生经济生物图鉴》（2016，中国农业出版社），2015年在洪泽湖水域发现浙江原缨口鳅、小口白甲鱼和稀有白甲鱼。这3种鱼类是较典型的激流性或溪流性鱼类，在湖泊水体建立、维持种群的可能性较小，应该是养殖逃逸、放生活动等导致偶然进入湖区被发现。中国科学院南京地理与湖泊研究所2017—2018年在洪泽湖鱼类资源调查中又发现了历史未记录种类黄尾鲴、匙吻鲟。2020—2023年，中国科学院水生生物研究所连续4年开展洪泽湖调查，采集鱼类14科59种。结合历史记录，洪泽湖迄今为止累计记录鱼类20科101种，包括外来鱼类（如匙吻鲟、双带缟虾虎鱼、黄尾鲴）、偶见种（如鳡、须鳗虾虎鱼、长吻鮠）和仅历史记录种类（如花鳗鲡、圆口铜鱼、暗纹东方鲀）。

2.6.2 优势类群

据江苏省淡水水产研究所2008年监测调查，共捕获鱼类33种，虾类2种。监测期间洪泽湖鱼类优势种的重量百分比以鲫为高，占43.41%，最小为鳘，占1.08%。尾数百分比以鲫为高27.84%，最小为子陵吻虾虎鱼为0.38%。洪泽湖主要经济鱼类除大银鱼外，刀鲚、鲤、鲫、鳊名列优势种名单；虾类中，青虾占监测渔获物重量的3.04%，白虾占3.50%，是重要的渔业资源。鱼类资源中性成熟年龄低的小型定居性及敞水性鱼类占优势，优势种多数为平均体重50克以下的小型鱼类，种群正向低龄化、小型化发展。监测期间洪泽湖鱼类资源小型化、低龄化态势十分严峻。2022年，共监测到渔获物48种，其中鱼类41种，虾类2种，蟹类1种，螺类2种，蚌1种，鳖类1种。鱼类相对优势种指标（IRI值）最高的种类为刀鲚，前十位的种类中，鲢、鳙、鲫等为传统经济鱼类。在种群层次上，与2021年相比，从单个刺网渔获物重量来看，鱼类资源丰度同比增长204.55%；鱼类的平均体长和平均体重同比分别增加了3.23%和183.83%。在群落层次上，种类组成仍以鲤科鱼类为主，与2021年相比，2022年共采集鉴定鱼类41种，同比减少了6.81%；优势种为刀鲚、鲫、鲢和鳙等，与2021年相比保持相对稳定。多样性指数降低37.93%，鱼食性鱼类占比增加12.50%。2023年洪泽湖资源调查共采集到鱼类41种，分属6目10科，其中鲤形目最多，含30种；其次为鲈形目4种，鲇形目3种，鲑形目2种，鲱形目、颌针鱼目各1种。鲤科鱼类29种，占鱼类总数的70.73%；其次鲿科和虾虎鱼科鱼类各3种，各占鱼类总数的7.32%；其他各科均在3种以下。

中国科学院水生生物研究所在2019—2023年的鱼类调查结果中，鱼类优势类群发生了明显变化。以相对重要性指数（IRI，综合尾数和重量）衡量鱼类优势种，结果发现当前鳙相对重要性明显增大，与短颌鲚基本相当；鲢的相对重要性也明显增加，与鲫的重要性相差无几；鲢鳙的相对重要性远高于大鳍鱊等。2021年调查结果发现渔获物主要由鲤形目和鲱形目构成。个体数量上，鲱形目占比最高，为36.39%，其次是虾类，为34.24%；鲤形目数量百分比为26.34%，颌针鱼目、鲇形目和鲈形目数量百分比分别为1.71%、0.71%和0.62%，蟹类占比为0.01%。重量上，鲤形目占比最高，为57.57%，其次是鲱形目，为32.61%；虾类重量百分比为7.70%，鲇形目、颌针鱼目和鲈形目重量百分比分别为1.83%、0.17%和0.07%，蟹类占比为0.14%。2023年洪泽湖调查结果发现，渔获物主要是鲤形目和鲱形目构成。个体数量上，鲤形目占比最高，为64.38%，其次是鲱形目，为23.60%；虾类数量百分比为10.71%，颌针鱼目、鲇形目和鲈形目数量百分比均小于1.00%，蟹类占比为0.02%。重量上，鲱形目占比最高，为44.72%，其次是鲤形目，为35.04%；虾类重量百分比为14.29%，鲇形目、颌针鱼目和鲈形目重量百分比均小于1.00%，蟹类占比为0.03%（表2-1）。

表2-1 洪泽湖2019—2023年渔获物组成百分比

渔获物	2019年		2020年		2021年		2022年		2023年	
	数量	重量	数量	重量	数量	重量	数量	重量	数量	重量
鲤形目	54.27%	66.83%	25.62%	38.98%	26.34%	57.57%	43.27%	62.31%	64.38%	35.04%
鲱形目	25.52%	19.18%	43.68%	40.23%	36.39%	32.61%	31.19%	18.22%	23.60%	44.72%
鲈形目	1.78%	4.60%	3.64%	6.08%	0.62%	0.07%	0.71%	2.11%	0.27%	0.46%
鲇形目	2.09%	2.83%	2.55%	5.32%	0.71%	1.83%	0.94%	4.87%	0.59%	0.46%
合鳃鱼目	0.00%	0.00%	0.00%	0.01%	0.00%	0.00%	0.00%	0.00%	0.00%	0.00%
颌针鱼目	0.00%	0.00%	0.00%	0.00%	1.71%	0.17%	1.05%	2.13%	0.00%	0.06%
虾类	16.34%	6.58%	23.59%	8.41%	34.24%	7.70%	22.83%	10.29%	10.71%	14.29%
蟹类	0.00%	0.00%	0.92%	0.96%	0.01%	0.14%	0.00%	0.07%	0.02%	0.03%

据2019—2023年监测调查数据显示，洪泽湖鱼类食性组成以浮游生物食性鱼类为主，其次为杂食性鱼类、鱼食性鱼类，草食性鱼非常少，未采集到无脊椎动物食性鱼类（青鱼）；对全湖来看，草食性、浮游生物食性、无脊椎动物食性、鱼食性、杂食性鱼类各占鱼类全部采集数量的0.36%、48.79%、0%、16.57%和34.29%。在浮游生物食性鱼类中，以浮游动物为食的种类如短颌鲚、鳙、太湖新银鱼等，其数量占比高于以浮游植物为食的种类如鲢的占比。依照食物链间向下一营养级传递的10∶1效率，洪泽湖水域凶猛肉

食性鱼类在食物链中的占比相对较小，仍有较大空间支撑凶猛肉食性鱼类的生长和繁殖。栖息于中上层的鱼类占比最高，其次为中下层鱼类，上层鱼类和底层鱼类占比最低；但各栖息水层鱼类的差距相对食性类群间差异较小，各自的数量占比分别是33.50%、32.29%、19.79%和14.43%。在中上层鱼类中鲢、鳙、鲌类等种类数较多，重量占比更高，但因为个体规格较大，数量占比相对减少。上层鱼类以银鱼、鳘类为主，种类相对较少，但个体小，数量占比较大。底层鱼类总体数量、重量占比均较小；因此，在增殖放流规划中可适当考虑底层鱼类如鲴类，有益于帮助去除湖底碎屑等腐殖质。

2.6.3 外来种及引入种

洪泽湖的外来种和引入种，主要来源于洪泽湖及周边水域的水产养殖逃逸，以及跨流域调水引入。

洪泽湖水产养殖产业发达，历史悠久，是远近闻名的“国民鱼塘”，养殖鱼类除四大家鱼外，还包括鲫、鳊、鲌、鳜等；此外，洪泽湖的中华绒螯蟹、克氏原螯虾养殖技术成熟，养殖规模大，是重要的经济物种。洪泽湖水产养殖业发达，因此也不可避免导致部分养殖种逃逸，其中最主要的外来种为克氏原螯虾。此外，斑点叉尾鮰、匙吻鲟和南美白对虾等也可能由水产养殖逃逸，成为外来种。除养殖逃逸外，跨流域调水也会成为物种入侵的高速公路，江水北调及南水北调东线工程连接长江、淮河、黄河和海河等水系，可能导致较高的生物入侵风险，导致部分河口性鱼类入侵洪泽湖。迄今为止，洪泽湖记录的由于跨流域调水引进的外来种主要包括双带缟虾虎鱼（*Tridentiger bifasciatus*）以及须鳗虾虎鱼（*Taenioides cirratus*）。须鳗虾虎鱼的入侵可能和江水北调调水有关，双带缟虾虎鱼的入侵和南水北调东线调水有关。江水北调和南水北调东线在冬季和春季调水，这时长江径流量最低；同时，长江上游和支流的水库蓄水，导致下游径流量进一步减少，使咸水入侵能够到达调水水源区。因此，河口性的虾虎鱼能够到达水源区，随调水扩散（秦蛟，2018）。

2.7 渔业资源变动

洪泽湖历史上渔业资源阜盛，《民国续纂清河县志》云“洪湖巨浸，芦苇实繁，而尤以鱼利为大”，曾有“百里芦荡，万顷草滩”之称。明清时期洪泽湖地区水产资源十分丰富，鱼类品种众多，《乾隆淮安府志》记载洪泽湖有鱼类50种。

自1950年以来，洪泽湖天然渔业发展大致经历了四个阶段：第一阶段相对稳定期，

1949—1963年，多年平均捕捞产量6 452.3t，多年平均年增长量为502.0t/年；第二阶段缓慢增长期，1964—1985年，多年平均捕捞产量为9783.5t，多年平均年增长量为1383.3t/年；第三阶段快速增长期，1986—2020年，多年平均捕捞产量为19 960.8t，多年平均年增长量为3 691.2t/年；第四阶段长江十年禁渔期，洪泽湖全域于2020年10月10日实施全面禁捕退捕，传统捕捞渔民“洗脚”上岸，禁捕后的资源增长是可以预期的，尤其是大中型鱼类的个体规格增加导致的资源量恢复明显，而鱼类区系组成和多样性短时间内将保持相对稳定。

在渔业资源组成方面，洪泽湖渔获物产量主要由四大家鱼、鲤、鲫、刀鲚等组成，鲤、鲫产量占比虽在不同年份间波动较大，但相对稳定，约占总渔获物的28%；四大家鱼、鳊、鲂产量由于增殖放流因素，在2000—2004年及2016—2020年占比相对较高；鲌类占比随时间明显下降；刀鲚、银鱼的比例总体上升明显，特别是刀鲚，由1980年前的12.1%上升到21世纪初的 39.1%；银鱼产量占比在1980年前为2.22%，在2001—2013年达到最高，为5.8%，2014—2020年为2.5%。1949—2020年洪泽湖不同渔获物在总捕捞量中所占比例见表2-2。

表2-2　不同渔获物在总捕捞量中所占百分比

单位：%

年份	鲤鲫	青草鲢鳙鳊鲂	鲌类	刀鲚	银鱼	杂鱼
1949	40	15	9	1	0.5	27.5
1958	25	9	6	—	—	33.5
1959	25	9	7.1	—	—	52.2
1960	23	7.8	10.5	—	—	44.5
1961	40	6	8	—	—	35
1967	—	—	—	14.4	5.8	67.5
1968	6	8.4	0.5	7.6	0.5	56
1969	—	—	—	3.4	1.1	79.4
1970	—	—	—	7.72	1.2	80
1971	—	—	—	21.2	2.7	64.7
1972	—	—	—	7.58	2.6	78.6
1979	18	4.9	4	25.4	2.9	7.2
1982	19	3.6	1.1	20.3	2.7	18.1
2000	26.2	52.4	—	28.2	0.6	23.6

（续）

年份	鲤鲫	青草鲢鳙鳊鲂	鲌类	刀鲚	银鱼	杂鱼
2001	28	46.2	—	17.1	6.9	23.6
2002	35.6	45.4	—	17.8	3.4	19.1
2003	22.6	45.8	—	17.5	2.2	33.3
2004	47.6	42.6	—	17.7	3.2	18.6
2005	32.1	8.6	0.4	38.4	8.0	12.7
2006	29.0	9.7	0.9	40.7	6.7	13.0
2007	28.1	9.4	0.8	37.2	6.2	18.3
2008	26.9	14.1	0.8	37.4	6.3	14.6
2009	33.1	6.2	0.8	29.5	4.7	25.7
2010	32.4	9.3	0.8	31.5	6.5	19.4
2011	28.6	6.1	0.9	36.0	7.9	20.6
2012	30.0	7.2	0.9	32.9	7.9	21.1
2013	30.0	5.3	1.0	27.0	6.0	30.7
2014	22.4	5.5	1.1	37.0	3.8	30.2
2015	22.4	3.9	—	45.0	1.1	27.7
2016	21.0	15.5	—	30.4	3.3	29.8
2017	35.4	11.9	—	44.1	3.6	5.1
2018	16.5	21.9	—	52.9	1.8	6.9
2019	25.4	19.9	—	46.0	2.1	6.6
2020	23.5	20.2	—	46.9	2.2	7.2

3 渔业发展

3.1 洪泽湖渔业发展阶段

3.1.1 捕捞渔业

洪泽湖水生生物资源丰富，也是渔业、特产品、禽畜产品的生产基地，自古就有“日出斗金”的美誉。优越的自然条件为捕捞渔业的发展提供了坚实的基础。洪泽湖捕捞渔业的历史较为悠久。早在汉代，湖区淮河纵贯，淮河右岸均为沼泽地，大小湖泊星罗棋布。丰水期，淮水横溢，水草、鱼虾繁衍。隋唐以来，受黄河夺淮的影响，水域扩大，逐渐孕育成湖，渔业随之兴起。《清河县志》和《淮安府志》均有洪泽湖渔业的记载，其中关于明代的富陵湖（即洪泽湖前身）有这样的叙述：“旧有沟通淮，今在治南，隆庆以来，淮水贯其中，渔船大小百余只，每岁纳科以备鱼油翎鳔之税，科税甚微，而湖利十倍。知府（淮安）薛斌复改科于里甲办纳，招徕流亡，听民采获……”。清代以来，渔业逐步发展，大批渔民涌进洪泽湖。清咸丰以后，黄河改道北徙，不再祸及淮河，洪泽湖水位相对稳定，水浅滩多，鱼虾等水产品更加丰富，引来更多的渔民。

新中国成立前，湖区渔业生产为单纯捕捞，渔民按渔具结帮，从事生产，饱受帮主、滩主、渔霸的剥削压迫和湖匪的敲榨勒索，常年过着凄苦的生活。民国初期，洪泽湖的渔船达3 000多条，但洪泽湖捕捞渔业由于受多种因素的制约，生产力水平低下。抗日战争时期，抗日民主政权大力清剿湖匪，组织渔民同渔霸、滩主作斗争，发放渔业贷款，帮助渔民修理船只，添置网具，发展生产，在根据地的大生产运动中，湖区的捕捞船只已发展到4 000余条，渔具由清代的十几种发展到20多种。新中国成立初期，虽然有几千条渔船，但多数是小船、破船，5t以下的占渔船总数的98%，平均吨位只有1.2t。大多数渔船只能在1m深的水域里作业，不能在大湖面捕捞，大、中型网具更带不动，渔民长期处于生产落后、生活贫困的状态。民国35～36年（1946—1947），洪泽湖区进行渔业民主改革，提高渔民的政治地位和生活水平。

新中国成立后，人民政府引导渔民走渔业互助合作道路，调动广大渔民生产积极性，洪泽湖渔获物产量逐年提高。1956年，环洪泽湖建立洪泽县，当年渔业捕捞量21 650t，收购量15 276t，为1990年之前的最高水平。但捕捞量过大的危害亦显现出来，1957年捕捞产量便降至15 380t。1958年，洪泽湖区受“大跃进”影响，渔业生产秩序被打乱，渔民生产积极性受到挫伤，渔业资源遭到破坏，仅船具就损失100余万元，当年渔业捕捞量仅为5 805t。20世纪60年代后，洪泽湖水域实行禁捕区和禁捕期制度，每年的捕捞产量或高或低。20世纪70年代，开始大量使用水泥渔船和尼龙网具，同时加强渔业资源增殖保护，渔业生产得以恢复和发展，但由于加大捕捞强度，鱼群趋向小型化、低龄化。1979年，全面贯彻国民经济调整、改革、整顿、提高的方针，渔业生产由捕捞为主向“以养为主，养捕结合”的方向发展。20世纪80年代起，洪泽湖的水产资源得到有效的增殖保护，每年的捕捞产量一直稳定在万吨以上。20世纪90年代后，洪泽湖水产业结构逐步调整，1990年捕捞产量再次突破2万t，1993年达到25 581t，1994年后捕捞产量有所下降，2000年为23 207t（表3-1）。

2000年以后，洪泽湖实行省统管，洪泽湖渔管办加强了对捕捞渔业的规范化管理，先后实施了捕捞能力“零增长”和“负增长”制度，洪泽湖捕捞证件逐年压减，封湖禁渔期由3个月延长至5个月，捕捞强度逐年下降。同时，河蚬、河蚌、螺蛳、银鱼等产品全面实行限额捕捞制度，并建立健全渔业资源限额捕捞、依法治理、资源增殖、品牌建设一体化绿色发展新机制，创新“八限”管理模式，建立“五必查”工作要求，实行违法违规“黑名单”制度，有效保障了特许捕捞始终在法治轨道上运行，探索了一条生态美、资源足、产业兴、渔民富的湖泊渔业绿色发展之路。有关经验做法被农业农村部向全国转发推广。但洪泽湖捕捞渔船基数庞大，历史上曾多达7 000余艘，实行省管后尚存5 100艘左右。截至2020年10月退捕前，洪泽湖还有捕捞渔船4 158艘，总马力达12.55×10^4kW，捕捞产量为2.7×10^4t左右，总体上依然超过了渔业资源可持续发展的能力。2020年10月底，随着长江禁捕退捕的全面实施，洪泽湖持捕捞证的6 840艘渔船（含溧河洼水域）、13 610名渔民（含溧河洼水域）全部退出，传统的捕捞渔业从此退出了洪泽湖。

3.1.2 养殖渔业

洪泽湖渔民长期以捕鱼为生，习惯于单一的捕捞经济，不重视养殖生产，养殖渔业起步较晚。在20世纪40年代，滨湖一带的农民曾用沟塘养鱼，多为养而不管。50年代后期，湖区的半农半渔的人们把废沟塘稍加整理，放些鱼苗，不定期地投喂饵料，仍然是粗放粗养，产量不高。1962年10月淮河鱼种场建成投产。1977年，国家决定在洪泽湖地区建设商品鱼基地，以便充分利用洪泽湖广大水面为主体，湖周陆地为依托的湖区资源优势，为国家提供更多的商品鱼，满足市场需求。

表3-1　洪泽湖1956—2023年水产品捕捞产量统计

单位：t

年份	产量	年份	产量	年份	产量
1956	21 650	1980	10 844	2004	8 954
1957	15 380	1981	11 465	2005	10 754
1958	5 805	1982	11 571	2006	14 008
1959	11 860	1983	10 583	2007	16 193
1960	7 515	1984	12 388	2008	16 990
1961	7 555	1985	12 674	2009	16 591
1962	6 365	1986	13 010	2010	13 241
1963	6 840	1987	15 276	2011	20 104
1964	9 255	1988	17 482	2012	14 938
1965	8 325	1989	17 973	2013	19 200
1966	8 335	1990	21 263	2014	14 943
1967	5 500	1991	21 784	2015	29 300
1968	11 285	1992	22 349	2016	25 000
1969	8 645	1993	25 581	2017	27 400
1970	7 300	1994	20 279	2018	33 214
1971	8 525	1995	21 194	2019	31 554
1972	8 445	1996	22 268	2020	27 170
1973	9 145	1997	24 061	2021	/
1974	9 470	1998	23 293	2022	/
1975	11 480	1999	21 835	2023	/
1976	12 385	2000	23 207		
1977	11 815	2001	2 500		
1978	11 645	2002	5 463		
1979	8 655	2003	8 000		

资料来源：《洪泽湖渔业史》(1990年版)、《洪泽湖志》(2003年版)、洪泽湖渔管办渔业统计年报等。

20世纪80年代始，特别是在第七个五年计划实施期间，在“要致富，走水路”的号召下，淮阴市政府坚持以“以养为主、养捕结合”的方针，不断引导渔民在湖区采取多种途径发展养殖生产，以圈圩开塘、低坝高圩、围网围拦等为主要形式的水产养殖蓬勃兴起。1983年，联合国世界粮食计划署在投资援助洪泽县渔业资源开发项目中拨出专款、开挖鱼池，并对原有鱼池进行整修配套，进一步改善了养鱼生产条件。此外，湖区还开展网箱养鱼，以及在湖周围有水位落差的地方开展流水养鱼等。到1988年底，共有围网养鱼水面1 820hm^2，网箱养鱼40 000m^2，围网养蟹24hm^2，均取得了较好的经济效益。1989年的养殖产量达到27 820t，占洪泽湖渔业总产量的64%，首次超过湖区的捕捞产量。由于养殖渔业的发展，减轻了捕捞对于天然渔业资源的压力，促进了天然渔业资源的增殖保护。养殖渔业又进一步促进了饲料加工、渔具加工和渔产品加工等加工业的发展，拓宽了生产领域，也提高了渔民的生活水平。

截至2000年11月，洪泽湖渔管办成立时，洪泽湖围网养殖面积高达61万亩。围网面积由于过于集中，一定程度上对水体产生了污染，洪泽湖渔管办按照“生态优先、减量增收、提质增效”的原则，立足洪泽湖资源状况和自然承载力，实施了养殖面积“负增长”制度，并联合淮宿两市地方政府和有关部门出台了《洪泽湖退围还湖工作指导意见》，先后压减网围养殖面积超过26 666.67hm^2。目前，洪泽湖省管水域尚有养殖面积17 520hm^2。同时，该办高度重视底栖贝类和滤食性鱼类对资源衰退的恢复作用、对湖区水质的净化作用、对渔业增效的促进作用，持续实施“抑藻控草”净水项目，河蚬人工生态净水增养殖试验项目以及鱼–蚬、鱼–螺、鱼–蚌立体套养生态养殖项目。经过监测，项目实施地主要水质指标明显好于其他水域，实现了生态效益、经济效益、社会效益的“多赢”。

3.2 洪泽湖渔业资源问题

3.2.1 洪泽湖渔业资源现状

（1）洪泽湖鱼类多样性降低

洪泽湖鱼类区系的系统研究始于20世纪60年代。1960年，中国水产科学研究院长江水产研究所和江苏省淡水水产科学研究所对洪泽湖鱼类和渔业进行了调查，编写了《洪泽湖的渔业》，共鉴定鱼类15科、46属、55种。之后，中国科学院南京地理与湖泊研究所于1973年对洪泽湖鱼类区系进行了调查，撰写了《洪泽湖渔业资源及其变动情况的初步调查报告》，共发现鱼类81种，归并同种异名和修订错误命名后，实际种类数为67种。1981—1982年，江苏省洪泽湖水产研究所通过对该湖的调查发现鱼类84种，隶属16科。1989—1990年，朱松泉和窦鸿身对洪泽湖采集的鱼类标本进行鉴定，发现鱼类67种，分属9目16科50属。2010—2011年，中国科学院水生生物研究所进行的洪泽湖鱼类调查中采集到鱼类63种，分属17科44属。2017年，中国科学院南京地理与湖泊研究所在洪泽湖调查到鱼类51种，分属10目16科41属。2021—2022年，中国科学院水生生物研究所进行的洪泽湖鱼类调查中采集到鱼47种。河海洄游型、河湖洄游型、喜流水型鱼类的减少或消失，是洪泽湖鱼类多样性下降的主要原因（朱松泉和窦鸿身，1993；林明利等，2013；毛志刚等，2019）。诸如鳗鲡、鲀等河海洄游型以及马口鱼、铜鱼、吻鮈、长薄鳅、大鳍鳠等喜流水型鱼类，当前在洪泽湖内基本已经无法采到。同时，江河洄游性鱼类在湖中资源状况也不容乐观，鲢、鳙、草鱼、青鱼、团头鲂主要得益于江苏省洪泽湖渔业管理委员会办公室每年投放大量苗种，其他未曾放流的种类如鳡等数量稀少。

（2）洪泽湖鱼类小型化

鱼类资源小型化包括鱼类种类结构小型化和种群结构小型化。种类结构小型化指渔获物中小型鱼类在组成和比重上占据优势；种群结构小型化指渔获物中鱼类种群呈现年龄结构的低龄化和个体小型化。目前，洪泽湖鱼类资源小型化趋势十分明显，小型鱼类刀鲚、鲫、银鱼、红鳍原鲌和黄颡鱼等种类在渔具捕捞和渔产量中都处于主导地位，大型经济鱼类特别是鳜、鲌类和鳡等大型食鱼性鱼类资源严重衰退。在近几十年的高强度捕捞压力下，洪泽湖部分鱼类种群也已发生了种群小型化现象，生长速度也相对较缓慢，生长加速度大于0的持续时间较长（屈霄等，2023）。

3.2.2 洪泽湖渔业资源成因

（1）水利工程

鱼类群落生物多样性降低，特别是流水性和洄游性鱼类种类消失是长江中下游湖泊普遍存在的现象，一般认为江河隔阻、过度捕捞、环境污染和生境破坏等是造成这一现象的主要原因。洪泽湖，作为一部“流淌的水利史”，经历了数百年的整治和修缮。至三河闸的落成，洪泽湖由平原浅水湖泊转为受人为调控的大型综合利用水库，水文动态节律发生了明显改变（朱松泉和窦鸿身，1993）。一般而言，水文动态从不同维度塑造了多元的景观类型，对于维持水生生物多样性和生态系统完整性方面起着至关重要的作用。闸坝不仅阻隔了湖泊与河流间自由连通，还使得湖泊出现“夏枯冬丰”的反季节水位波动。江湖阻隔导致洄游通道堵塞和流水生境丧失，平原江湖阻隔湖泊使得鱼类总种数减少38.1%，江海洄游型鱼类减少87.5%，河流定居型鱼类减少71.7%，江湖洄游型鱼类减少40.6%，湖泊定居型鱼类减少25.4%（Liu和Wang，2010）。同时，水生生物在长期的进化过程中，不同生物逐步形成了与水文周期相适应的生活史对策，水文动态过程的改变必然会对生物产生重要影响，如湿生植物不能萌发、喜流水性鱼类无法繁殖（刘学勤等，2017）。因此，就洪泽湖河海洄游型和喜流水性鱼类而言，洪泽湖汇入河流闸坝（淮河蚌埠闸、新汴河闸、濉河闸等）和出水河流闸坝（二河闸、三河闸、高良涧进水闸等）的调控作用是导致这些鱼类消失或锐减的主要因素（林明利等，2013；毛志刚等，2019）。

（2）过度捕捞

自1980年以来，洪泽湖捕捞产量由1.05×10^4t/年增长至2.31×10^4t/年，增长了近120%；捕捞从业人数达4万余人，渔船5 000余艘。同时，洪泽湖生产的渔具包括拖网、网簖、兜网、刺网、虾网等，各类渔具网目不一，对鱼类规格几乎没有选择性，基本将大小鱼类全部捕获（毛志刚等，2019）。渔船数量、吨位、马力不断增加，随着捕鱼技术的提高、捕捞工具的改良及捕捞强度的迅速增加，使湖区渔业资源和生态环境受到严重破环，种群种类和数量急剧下降。

（3）水体污染

洪泽湖渔业环境的威胁主要来自上游来水，淮河占全湖年补给水量的70%，入湖的污染物占总量较大，其次是泗洪县境内的怀洪新河、濉河、汴河、徐洪河、新濉河、新汴河和安徽的池河，以及准阴区的张福河。其中淮河输入污染物量占洪泽湖入湖污染物总量的84.29%，其次是溧水河，占12.43%，其他河仅占3.27%。在洪泽湖上游各省中，污水排放量最大的是安徽，占57.83%；其次是河南，占35.80%；江苏省徐州占2.13%，淮安、宿迁占4.24%。

20世纪90年代以后，随着南方和沿海周边经济发达地区污染比较严重的化工企业大举北移，洪泽湖湖区周围工农业生产的发展和人口增加所产生的污染物种类和总量逐年增加，而且污水涉及河南、山东、安徽、江苏四省的上百个县、市。洪泽湖每年入河污染物总量已大大超过湖泊自净能力，水污染由局部发展逐步扩散到全湖。根据洪泽湖水质监测站的监测数据显示，每年的6—10月，受到上游地区安徽“客体水”的影响，洪泽湖水质均会在不同程度上受到影响。自1975年洪泽湖水环境污染事件首次发生后，水环境污染突发性事件频发，1982年、1986年、1989年、1991年、1994年、1996年、2000年、2018年接连发生，水环境污染延续时间也越来越长。1994年，洪泽湖发生震动全国的“7·23”特大污染事故，持续时间55d，污染农田超过333.33hm^2，直接经济损失达1.7亿元。2004年7月，淮河5.4×10^8t污水形成了长度130～140km的污水团下泄，直接经济损失达3亿元。2018年8月，支流新濉河和新汴河污水下泄，造成2.5万多人受灾，水产受灾面积6 166.67hm^2，直接经济损失达2.34亿元。近年来，随着党和政府、社会各界对生态环境保护的高度重视，淮河上游来水水质状况总体好转，洪泽湖污染治理力度不断加大，洪泽湖的水质环境得到改良。

3.3 洪泽湖渔业资源保护与可持续利用对策

3.3.1 科学调控渔业活动，积极推进大水面生态渔业

湖泊、水库等大水面是我国重要的湿地资源，也是淡水渔业的重要组成部分。新中国成立以来，不同历史时期我国大水面渔业明确了不同的工作重点，先后经历了天然捕捞、养捕结合、以养为主和生态渔业等阶段。20世纪80年代，为解决吃鱼难问题，国家制定了“以养为主”的渔业发展方针，大水面渔业走上了“走水路、奔小康”的发展道路。始于20世纪70年代的施肥养鱼、80年代的“三网”（网箱、网围、网栏）养殖，到21世纪初，内陆大水面渔业养殖达到高峰，为水产养殖产量的大幅度提升，为解决吃鱼难做出了重要贡献。但由于缺乏整体规划，适宜养殖的水域围网面积高度集中，部分小型湖泊养殖面积占比高达80%以上，大大超出大水面生态环境的实际承载。加之养殖户为追求自身利益，往往采用粗放的养殖模式和方式，投饵、施肥肆意而为，引发水环境污染、生境破碎化、生物多样性下降、水华暴发等诸多问题，进一步导致很多大水面甚至有些重点湖库生态环境恶化，甚至崩溃。面对水域生态环境保护的巨大压力，洪泽湖渔业资源发展应向生态渔业转型，工作重点也由以“养鱼”为中心向以“养水”为中心转变。

大水面生态渔业是依赖天然饵料资源从事渔业生产并通过这种生产活动维护生态系统健康的渔业方式，其核心是在确定增养殖容量的前提下合理利用水体不同类群的饵料资源，把水体的营养物质转化为优质水产品，从而达到“以渔养水”的目的。大水面生态渔业科学发展是一个长期的过程。它不仅是落实乡村振兴战略的重要途径，也是生态文明建设的重要内容，更是促进渔业绿色、高质量发展的重要保障。展望未来，大水面生态渔业应着重做好四方面的工作。一是标准化生产。需要研究水质保护、合理开发、永续利用、三产融合、高质量发展的大水面生态渔业生产标准，建立渔业发展与生态环境保护相协调的技术规范；同时也需要研发产业升级、生态保护、加工升值、品牌建设、文化传承等技术支撑体系，形成三产融合的生态渔业产业模式。二是协同化利用。针对渔业操控、种群重建和增养殖容量评估，围绕“养什么”“养多少”等共性技术需求，通过技术集成与系统观测研究等手段，建立大水面生态增养殖模式与净水渔业技术体系，

达到饵料资源高效利用、水华控制、营养物移出等目的。三是智能化管理。需要建立基于大水面复合生态系统科学大数据中心的智能决策系统，实现渔业管理、资源利用、水质改善与生物多样性保护的智能决策。四是融合化发展。重点推进渔旅融合、三产融合，加强信息、生物工程、环保等新理论、新技术在大水面生态渔业中的交叉应用。我们相信，在全社会的共同关注和大力支持下，我国的大水面生态渔业科学和技术研究将继往开来，在继续保持现有优势基础上不断开拓创新。

3.3.2 建设标准化生态养殖区，推进生态养殖方式

结合现有围网养殖情况，把原本零乱无序、规模不一、效益低下的围网养殖相对集中到规划区域，建立标准化生态养殖区，达到布局合理，围网成型，面积适中，环境优良，航道无阻，水流通畅，管理便利，服务到位，发挥高效的目的。取得环境保护、渔业增效“双赢”。

深入研究大水面渔业发展与生态环境保护之间的协同效应，以科学增殖、配额捕捞为手段，大力发展大水面增殖渔业，全面建立大水面水生生物资源“养护、增殖、利用”之间的动态平衡，在确保大水面水生生物资源生物多样、系统完整、结构优化的前提下，实现渔业与生态的协同发展；充分考量水质环境、水文条件和渔业对生态的综合影响，全面建立生态系统与养殖对象在食物链和生态层级上的适配机制，根据不同的大水面生态承载力，确定不同生产方式的适宜发展水域，确保大水面生态渔业发展不影响水域环境和生物多样性。充分发挥滤食性鱼类食藻、草食性鱼类食草、土著贝类（蚌、螺等）控藻等净水功能，科学设定养殖模式，密切监控养殖过程，严格管理投入品使用，全面构建鱼水和谐的良性互动机制。结合无公害、绿色、有机水产品、出口基地建设等，大力推广生态养殖技术，走水产健康养殖之路，对养殖规模、放养模式、投饵过程、治病用药、捕捞销售等实施全程监督：降低养殖超标排放，严格控制投入品使用，杜绝使用违禁药品投入，根据不同养殖品种，确立限产制度，所有养殖行为必须严格限定在规划生态养殖区范围内，逐步实现小面积养殖、小区式管理，提高水面的利用率和产出率，注重养殖水体的水草管理，善待鱼类生长的生态环境，实行科学的生态养殖方式，有效缓解养殖水体的自身污染。不断促进大水面渔业能量有序流动、生物丰富多样、生境不断优化、产业持续发展，努力实现生态美、产业强、渔民富的有机统一。

3.3.3 加大渔业外部环境治理修复，有效控制外来污染

沿湖周边地区工农业生产的发展和人口增加所产生的污染物种类总量在逐年增加，相关资料表明，沿湖周边涉污企业已成为洪泽湖水质污染和富营养化程度加重的重要因

素，必须加大治理力度，通过关闭淘汰、集中控制以及提高污染物排放标准等综合措施，推动企业加快结构调整，着力提高渔业污染事故防范和应急处理能力，坚决查处污染环境、破坏生态的违法违规行为，做到有法必依、执法必严、违法必究。

面源污染控制是决定洪泽湖水污染和富营养化治理能否取得理想效果的关键因素，面源污染主要来自农村过量和不合理地使用农药、化肥，畜禽粪便以及未经处理的农业生产废弃物、农村生活垃圾和废水等。洪泽湖流域农业比较发达，农田灌溉施肥、施药等方式粗放，农田污染物质以及陆域分散的污染物质往往随着退水、降雨径流等进入湖中，加重湖泊水质污染。由于面源污染表象不明显，宣传力度不够，公众对面源污染不够了解，自觉防范意识不强，同时面源污染防治技术不够成熟，控制难度加大，应培训指导农民科学合理地使用农药、化肥，积极推广生态农业。此外还应结合和美乡村建设，集中控制农村居民生活污水，做到污水资源化。

3.3.4 优化和修复湖区水生植被，提高水体自净能力

在水生态修复工作中，恢复水生植物尤其是恢复沉水植物被广泛认为是水体治理的有效途径。水生植物能吸收底泥和水体中的氮、磷等营养物质，促进氮、磷的输出。以浅水湖泊成功修复的典型——惠州西湖为例，通过恢复沉水植物群落结构，惠州西湖子湖南湖从以浮游植物为主导初级生产力的“藻型湖泊（浊水态）”转变为以沉水植物为主要初级生产力的“草型湖泊（清水态）”，形成了稳定的食物网结构，透明度由30cm提高至150cm，水体总磷、总氮含量分别降低54.50%和52.70%，实现了华丽的蜕变。

沉水植物除了通过根、叶吸收水体中的氮、磷及控制水体中营养盐浓度外，还可在光合作用过程中产生氧气扩散到根际并进入沉积物，影响沉积物氮、磷的循环。同时，沉水植物可以减缓水流速度和风力作用，通过根部固定沉积物，抑制沉积物再悬浮，还可作为悬浮物的捕获器，促进沉降，大幅度提高水体透明度。研究发现，沉水植物覆盖率大于30%的湖泊能够长期维持清水态，而沉水植物覆盖率小于30%的湖泊则再度发展为浊水态湖泊。清水态和浊水态相互转换的关键在于沉水植物和浮游植物间的竞争关系。沉水植物不仅可以通过吸收氮、磷营养盐以及无机碳等竞争限制藻类的生长，还能够分泌化感物质抑制水体中浮游植物的生长，减弱浮游植物或附着藻的遮阴效应。沉水植物对无机环境的影响以及与其他生物之间的相互作用保证了生态系统中上行效应和下行效应及其他级联效应的正常发挥，即沉水植物对营养盐的吸收和钝化抑制上行效应对浮游植物的促进作用，降低水华暴发的可能性；促进肉食性鱼类生长，保证生态系统中下行效应的发挥，即肉食性鱼类捕食草食性鱼类、浮游生物鱼类，优化鱼类种群结构，降低沉水植物、浮游动物被大量捕食的压力，达到控制浮游植物的效果。

3.4
洪泽湖禁捕退捕

为认真贯彻习近平总书记关于长江流域重点水域禁捕退捕工作的重要指示批示精神，进一步落实党中央、国务院决策部署，2020年，江苏省政府发布《省政府印发关于全面推进江苏省长江流域禁捕退捕工作实施方案的通知》（苏政发〔2020〕58号）文件，江苏省34个国家、省级水生生物保护区实行常年禁捕，长江干流江苏段及通江湖泊实行“十年禁渔”；水生生物保护区所涉湖泊及其他水域全面退捕，并在此基础上研究制定科学利用水面规划，发展增殖渔业，有组织进行捕捞。

自2020年10月10日起，洪泽湖收回省管水域渔业生产者捕捞权，撤回捕捞许可，相关证书予以注销，洪泽湖正式全面禁止生产性捕捞，禁止销售洪泽湖非法捕捞渔获物。退捕范围为洪泽湖省管水域，其中包括成子湖、圣山湖及与洪泽湖相连的湖荡、湖湾、湿地，入湖河道以河口两岸连线向湖外延伸1km处为界。其中：淮河以淮河大桥、溧河洼以朱台子、徐洪河以顾勒大桥、怀洪新河以双沟大桥、中扬水域以老挡浪堤为界，二河、三河分别以二河闸和三河闸为界。

实施长江流域重点水域禁捕退捕，是以习近平同志为核心的党中央从中华民族长远利益出发和从国家发展战略全局高度作出的重大决策部署，是推进长江流域生态文明建设、开展生态环境治理和促进长江经济带绿色发展的关键举措，是功在当代、利在千秋、为子孙根本利益而谋的大事要事。洪泽湖实施禁捕退捕以来，根据农业农村部、财政部、人力资源和社会保障部联合发布的《长江流域重点水域禁捕和建立补偿制度实施方案》要求，洪泽湖渔业主管部门会同沿湖地方政府积极排查摸底统计，认真汇总复核底数，实施精准建档立卡，优化完善补偿安置方案，通过宣传动员、摸底调查、建档立卡、明确方案、签订协议、船网回收、处置销号“系统施策七步法”，开展洪泽湖全面退捕工作。经统计，洪泽湖捕捞渔船共计4 158艘、主机总功率12.57×10^4kW，其中专业捕捞渔船3 668艘、主机总功率11.22×10^4kW；兼业捕捞渔船490艘、主机功率1.35×10^4kW；渔业捕捞许可共计6 013起，其中网船1 440起、渔簖1 308起、丝网1 807起、方兰1 337起、钩卡121起。洪泽湖禁捕退捕工作有助于保护水生资源，修复水域生态环境，推进渔业转型升级和高质量发展。

各论

鱼类形态术语说明

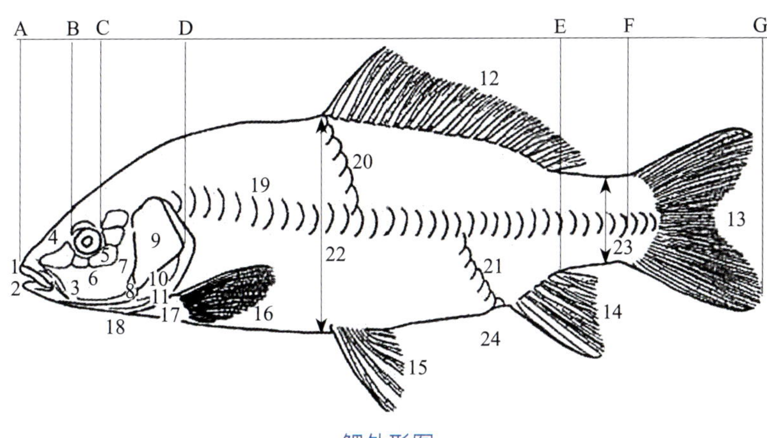

鲤外形图

A–G全长；A–F体长；A–D头长；A–B吻长；B–C眼径；C–D眼后头长；E–F尾柄长

1.上颌；2.下颌；3.颌须；4.鼻孔；5.围眼骨；6.颊部；7.前鳃盖骨；8.间鳃盖骨；9.鳃盖骨；10.下鳃盖骨；11.鳃盖条；12.背鳍；13.尾鳍；14.臀鳍；15.腹鳍；16.胸鳍；17.胸部；18.峡部；19.侧线；20.侧线上鳞；21.侧线下鳞；22.体高；23.尾柄高；24.肛门

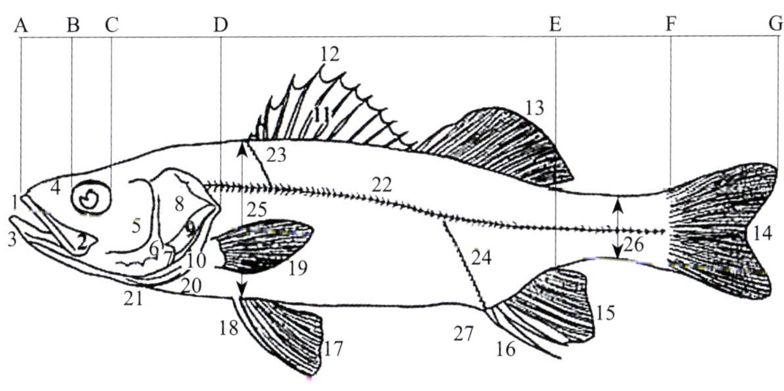

中国花鲈外形图

A–G全长；A–F体长；A–D头长；A–B吻长；B–C眼径；C–D眼后头长；E–F尾柄长

1.前颌骨；2.上颌骨；3.下颌；4.鼻孔；5.颊部；6.前鳃盖骨；7.间鳃盖骨；8.鳃盖骨；9.下鳃盖骨；10.鳃盖条；11.第一背鳍鳍棘；12.第一背鳍；13.第二背鳍；14.尾鳍；15.臀鳍；16.臀鳍棘；17.腹鳍；18.腹鳍棘；19.胸鳍；20.胸部；21.峡部；22.侧线鳞；23.侧线上鳞；24.侧线下鳞；25.体高；26.尾柄高；27.肛门

注：引自《太湖鱼类志》（倪勇和朱成德，2005）。

洪泽湖鱼类目的检索表

1（2）体被栉鳞、圆鳞或裸露；尾一般为正尾型，有时消失

2（11）鳔存在时具鳔管；各鳍无真正鳍棘

3（8）前部脊椎骨正常，不形成韦伯氏器

4（5）体呈鳗形；无腹鳍 ……………………………………………… 鳗鲡目 Anguilliformes

5（4）体不呈鳗形；一般具腹鳍

6（7）无脂鳍；无侧线 ………………………………………………… 鲱形目 Clupeiformes

7（6）一般具脂鳍；具侧线 ……………………………………… 胡瓜鱼目 Osmeriformes

8（3）第一至四脊椎骨形成韦伯氏器

9（10）体被圆鳞或裸露；颌无齿；具顶骨和下鳃盖骨；第三与第四脊椎骨不合并 ……………………………………………………………………… 鲤形目 Cypriniformes

10（9）体裸露或具骨板；两颌具齿；无顶骨和下鳃盖骨；第三与第四脊椎骨合并 ……………………………………………………………………… 鲇形目 Siluriformes

11（2）鳔存在时无鳔管

12（23）上颌骨不与前颌骨固连或愈合成为骨喙

13（14）体左右对称；头两侧各具1眼

14（17）背鳍常无鳍棘

15（16）无侧线；鼻孔每侧2个；上下颌正常 ………………… 鳉形目 Cyprinodontiformes

16（15）具侧线；鼻孔每侧1个；下颌或上下颌针状延长 ……… 颌针鱼目 Beloniformes

17（14）背鳍常具鳍棘

18（19）腹鳍腹位或亚胸位；背鳍2个，距离远 ……………………… 鲻形目 Mugiliformes

19（18）腹鳍存在时胸位或喉位，背鳍2个，距离近

20（21）左右鳃孔相连为一，位于喉部；体呈鳗形 ………… 合鳃鱼目 Synbranchiformes

21（20）左右鳃孔分离，位于头侧；体不呈鳗形；第三眶下骨不后延，不与前鳃盖骨相接 ……………………………………………………………………… 鲈形目 Perciformes

22（12）上颌骨与前颌骨愈合成为骨喙；通常无腹鳍 ………… 鲀形目 Tetraodontiformes

鳗鲡目 Anguilliformes

体延长，鳗形。体被细圆鳞或无鳞。各鳍均无鳍棘。背鳍和臀鳍通常很长。无腹鳍。前颌骨不分离，与中筛骨愈合。有齿。上颌口缘由前颌骨、上颌骨、中筛骨组成。椎骨数多至260个。鳃孔窄。如有鳔，则有鳔管与食道相通。个体发育中出现明显变态阶段，仔鱼呈叶状体。

本目产洪泽湖有1科。

鳗鲡科
Anguillidae

体延长，前部呈圆筒形，后部侧扁。尾部长大于头和躯干合长。头钝圆锥状，较平扁。吻短钝。眼较小。鼻孔每侧2个，前鼻孔具短管，后鼻孔为裂缝状。口大，口裂微斜。两颌齿及犁骨齿呈带状排列，齿细小。舌前端游离。鳃孔狭窄。体被埋于皮下的细鳞，呈席状排列。有侧线。背鳍和臀鳍与尾鳍相连。无腹鳍，但胸鳍发达。

本科产洪泽湖有1属。

鳗鲡属 *Anguilla* Schrank，1803

Anguilla：Gen. Zool.（Shaw，1803）

Type-species（模式种）: *Anguilla vulgaris* Schrank = *Muraena anguilla* Linnaeus.

一般特征同科。

本属产洪泽湖有2种。

种的检索表

1（2）体表颜色较单一，无特殊斑纹；或背部颜色较深，体侧中部或以下渐浅 ……………… 鳗鲡 *Anguilla japonica*

2（1）体表具有深褐色斑纹或斑点；背鳍、臀鳍起点的垂直距离大于头长 ……………… 花鳗鲡 *Anguilla marmorata*

01 鳗鲡 *Anguilla japonica*（Temminck et Schlegel）

地方名：鳗鱼、白鳝

文献记载

Anguilla japonica：Fauna Jap.（Pisces）（Temminck et Schlegel，1847）；Zool. Theil. Fishche（Kner，1867）；Proc. U. S. Nat. Mus.（Fowler et Bean，1920）；Mem. Asiatic Soc. Bengal（Fowler，1924）；Contr.Biol.Lab. Sci.Soc. China（Tchang，1928）；Science（Tchang，1929）；Bull. Fan Mem.Inst. Biol.（Schrank，1930）。

鳗 *Anguilla japonica*：水生生物学集刊（伍献文，1962）。

鳗鲡 *Anguilla japonica*：太湖综合调查初步报告（中国科学院南京地理与湖泊研究所，1965）；长江鱼类（中国科学院水生生物研究所，1976）；江苏淡水鱼类（江苏省淡水水产研究所、南京大学生物系，1987）；吴县水产志（陈俊才、唐继权，1989）。

日本鳗鲡 *Anguilla japonica*：东海鱼类志（张有为，1963）；上海鱼类志（张列士，1990）；中国有毒及药用鱼类新志（伍汉霖，2002）。

鳗鲡 *Anguilla japonica*

基本特征

体延长，前部近圆筒形，后部侧扁。体背呈暗绿色，体侧呈暗灰色，腹部呈白色。背鳍和臀鳍后部边缘及尾鳍为黑色，胸鳍浅色。头部钝锥状，平扁。吻中长，圆钝。口裂伸至眼后缘下方。下颌稍突出，两颌及犁骨具带状排列的尖细齿。唇发达。舌游离。眼埋于皮下，眼径较小。眼间隔宽平。鳃孔位于胸鳍基部前方。体被埋于皮下的细鳞，呈席纹状排列。侧线位于体侧中部。肠短。背鳍起点远在肛门前上方，背鳍、臀鳍后部与尾部相连。胸鳍宽圆，无腹鳍，尾鳍钝圆。肛门紧靠臀鳍起点。鳔1室，有1管与食道相通。腹膜白色。鳗鲡是一种降河洄游性鱼类，性成熟个体在秋季从淡水水域向河口区移动，入海游向产卵场进行生殖洄游。入海后性腺迅速发育至成熟。鳗鲡产卵期在2—6月，孵出仔鳗随海流漂移，在漂移过程中完成变态，经过仔鳗、柳叶鳗、线鳗等阶段。鳗苗最早在冬季和早春2月到达长江口区，而后溯河而上，到达长江中下游干流、支流及其附属湖泊生长。成熟后又进行降河生殖洄游。成年鳗鲡性凶猛，肉食性，昼伏夜出，摄食鱼、虾、蟹、软体动物、水生昆虫及其幼虫，也兼食水生植物碎屑和藻类。鳗鲡肉细刺少，肥嫩鲜美，为重要经济鱼类。目前，我国仍以捕捞天然苗进行人工养殖。分布于中国、朝鲜、日本等地。我国沿海和各大江湖及其通江湖泊均产。鳗鲡在湖泊中无法自然繁殖，数量补充主要靠增殖放流等方式，该种在洪泽湖中目前罕有记录。

实测特征

可数可量性状

测量标本数（尾）	5		
全长（mm）	/		
体长（标准长）(mm)	384～524		
体长/头长	7.7～8.9	头长/吻长	5.3～6.0
体长/体高	16～21.6	头长/眼径	9.0～12.6
体长/体宽	18～24	头长/眼间距	5.5～6.0

注：引自《太湖鱼类志》(倪勇和朱成德，2005)。

02 花鳗鲡 *Anguilla marmorata*（Quoy et Gaimard）

地方名：鳗鱼

文献记载

Anguilla marmorata：Voyage Uranie Zool.（Quoy et Gaimard，1824）；Fishes of Fujian Province（Chu et al.，1984）；Freshwater and Estuaries Fishes of Hainan Island（Kuang et Yu，1986）；New Revision of the Ichthyotoxic and Medicinal Fishes of China（Wu et al.，2002）。

基本特征

体延伸，躯干部呈圆柱形，尾部侧扁。吻短稍扁平。眼圆形，眼间隔宽阔。鼻孔每侧2个，两侧鼻孔和前后鼻孔分离较远。口端位，口裂大，稍向后下方倾斜，超过眼后缘。齿排列成带状，尖细。舌游离，尖钝，基部附于口底。鳃孔侧位，近垂直状，位于胸基部前下方。肛门位于体中部的前方。体被细长鳞片，鳞片埋于皮下，呈席纹状相互垂直交叉排列，常为皮肤黏液所覆盖。侧线孔起始于胸鳍上角后上方，向后延伸至尾端。

花鳗鲡 *Anguilla marmorata*

背鳍起点远在肛门前上方，起点距鳃孔距离较近。臀鳍接近肛门。背、臀鳍发达，与尾鳍相连。胸鳍较发达，近圆形。尾鳍后缘钝尖。为溯河洄游性鱼类，成体生活于沿海江河干支流的上游，每年3—9月在乱石洞穴之中穴居生活，10—11月向河口移动，次年3—4月幼鳗进入河口，上溯至山涧溪流。常栖息于山涧溪流和湖泊水塘岸边水下乱石洞穴之中。多在夜间活动。为凶猛肉食性鱼类，常以鱼、虾等为食，甚至可捕食蛇、蛙、鸟类等。花鳗鲡肉味鲜美，为产地珍贵食用鱼类。该种在我国浙江以南沿海地区及江河的干支流中均有分布；国外分布于东非到波利尼西亚，向北可分布到日本南部。该种在洪泽湖中数年未有记录。

实测特征

可数可量性状

测量标本数（尾）	6		
全长（mm）	/		
体长（标准长）（mm）	435～746		
体长/头长	6.3～6.8	头长/吻长	5.4～5.5
体长/体高	13.4～13.7	头长/眼径	15.4～17.3
体长/体宽	15.2～16.8	头长/眼间距	5.1～5.3
口裂长/口裂宽	1.1		

注：引自《中国动物志·硬骨鱼纲·鳗鲡目》（张春光等，2010）。

鲱形目 Clupeiformes

体长形，侧扁，常具棱鳞。头部具有黏液管。由前颌骨和上颌骨组成上颌骨缘。齿小或不发达，鳃盖膜不与峡部相连。有细长或短的鳃耙。体被圆鳞，头部裸露，胸鳍和腹鳍基部具腋鳞。无侧线。背鳍1个，无脂鳍，胸鳍下侧位，腹鳍腹位。尾鳍正尾型。椎体完全骨化，椎体横突不与椎体愈合。一般具鳔，鳔与食道相连。球囊内有较大耳石。

本目产洪泽湖有1科。

鳀科 Engraulidae

体长形或椭圆形，一般有棱鳞。头中大，口大，下位，吻突出，一般覆盖口。上颌较下颌长，后端伸越眼。上颌由前颌骨和上颌骨组成，齿通常稀少，不发达。鳃盖膜互相稍相连，不与峡部相接。鳃耙细长，鳃孔大，具假鳃。体被易脱落圆鳞。背鳍位于尾鳍前方或上方，尾鳍分叉。鳔与内耳相通。

本科产洪泽湖有1亚科。

鲚亚科 Coilinae

体特别延长，侧扁。尾长，向后逐渐变窄。腹缘锐利。尾鳍小，上下叶不对称，胸鳍上部有4～7个游离的丝状鳍条。

本亚科产洪泽湖有1属1种。

鲚属 *Coilia* Gray，1830

Coilia：Illus. Indian Zool.（Gray，1830）

Type-species（模式种）： *Engraulis hamiltonii* Gray，1830＝*Coilia ramcarati* Hamilton，1822.

体延长，侧扁，尾部长，向后渐狭。头短侧扁。吻短圆凸，口下位，斜裂，口大。上颌骨延长，伸达鳃孔或胸鳍基部。上下颌、舌、腭骨、翼骨、犁骨上具齿。眼大侧位。鳃耙20～34。背鳍始于臀鳍前方。臀鳍基长，具35～116鳍条。胸鳍具4～19游离丝状鳍条。腹鳍短小。尾鳍不对称，下叶与臀鳍相连。

本属产洪泽湖有1种。

03 刀鲚 *Coilia nasus*（Temminck et Schlegel）

地方名：刀鱼、毛刀鱼

文献记载

Coilia ectenes：Proc. the United States National Museum v.（Jordan et Seale，1905）；Calif. Acad. Sci.（Evermann et Shaw，1927）；Contr. Biol. Lab. Sci. Soc. China（Tchang，1928）；Science（Tchang，1929）。

Coilia nasus：Fauna Japonica. Pisces（Temminck et Schlegel，1846）；Cintr. Biol. Lab. Sci. Soc China（Tchang，1928）；Bull. Fan Mem. Inst. Biol.（Shaw，1930）。

Coilia clupeoides：Proc. U. S. Nat. Mas.（Fowler et Bean，1920）。

Coilia remdahli：Contr. Biol. Lab. Sci. China（Tchang，1928）。

刀鱼 *Coilia ectenes*：水生生物学集刊（伍献文，1962）。

鲚鱼 *Coilia ectenes*：太湖综合调查初步报告（中国科学院南京地理与湖泊研究所，1965）。

刀鲚 *Coilia nasus*

长颌鲚 *Coilia ectenes*：长江鱼类（中国科学院水生生物研究所，1976）。

刀鲚 *Coilia ectenes*：江苏淡水鱼类（江苏省淡水水产研究所、南京大学生物系，1987）；吴县水产志（陈俊才、唐继权，1989）；上海鱼类志（张国祥、倪勇和朱成德，1990）；浙江动物志·淡水鱼类（郏国生，1991）；中国动物志·硬骨鱼纲·鲱形目等（张世义，2001）。

刀鱼：水生生物学集刊（伍献文，1962）。

基本特征

体侧扁，体被薄圆鳞，易脱落。无侧线。背部青灰色，体侧银白色。腹部具棱鳞，尾部向后渐细小。头中大，侧扁。吻尖凸，略长于眼径。口下位，上颌长于下颌，上颌骨向后延伸。眼小。两颌、腭骨、犁骨具细齿。鳃盖膜不与峡部相连。鳃耙细长。背鳍基短，位于体前1/4处，起点稍后于腹鳍起点。胸鳍下侧位，上部具6丝状游离鳍条，伸越臀鳍起点。腹鳍短小。尾鳍小，尾鳍上叶长于下叶。刀鲚为溯河洄游性鱼类，是重要经济鱼类之一。成鱼一般栖息在中下层，幼鱼多在表层，食性广泛。幼年个体主食浮游动物如枝角类和桡足类，也食部分藻类，成年以后逐渐转食小型鱼、虾类，且同类相残。

实测特征

可数可量性状

测量标本数（尾）	10		
全长（mm）	184～287		
体长（标准长）（mm）	167～270		
头长（mm）	/		
体长/头长	5.4～6.8	脊椎骨	76～77
体长/体高	5.1～6.3	背鳍鳍条数	1，11～12
体长/尾柄高	33.5～58.4	臀鳍鳍条数	95～104
头长/头高	1.3～1.5	胸鳍鳍条数	6+11～12
头长/眼径	5.6～7.1	腹鳍鳍条数	7
头高/眼径	3.8～5.1	鳃耙	17～18+22～24
		腹棱	19～21+28～32

注：以上样品2023年采自洪泽湖。

胡瓜鱼目 Osmeriformes

活体一般呈半透明，死后变为银白色。齿骨、前颌骨、上颌骨以及口内部分骨骼具齿。齿具大犬齿、绒毛状齿等，也可无齿。口底黏膜有时具大褶膜1对。体具鳞或裸露。脂鳍常存在。腹鳍条7～8，无腋鳞。尾鳍主鳍条19，其中分支鳍条17根。幽门盲囊0～11。椎骨末端上翘。具中乌喙骨。无眶蝶骨。

本目产洪泽湖有1科。

银鱼科 Salangidae

体型细长，呈半透明状，前部卵圆形，后部稍侧扁。吻尖长，眼小，位于头侧。口裂较宽。上下颌、腭骨具尖锥型齿，有时犁骨和舌上也具齿。上颌骨在眶前缘处下弯。鳃盖条4。具发达假鳃。体通常无鳞，或散具易落薄鳞。无侧线。背鳍后位，远在腹鳍后上方。腹鳍具7鳍条。背部具小脂鳍。尾鳍叉形。消化道直，幽门盲囊无。鳔有或无。

本科产洪泽湖有2亚科。

亚科的检索表

1（2）胸鳍条20或以上，胸鳍基肉质片发达；吻短，前上颌骨前端正常；上颌骨末端超过眼前缘；下颌联合部无肉质或骨质凸起，无犬齿 …………………………………………………… 大银鱼亚科 Protosalanginae

2（1）胸鳍条约10，胸鳍基肉质片不发达；吻长，前上颌骨前端扩大呈三角形；上颌骨末端不达眼前缘；下颌联合部有肉质或骨质凸起，具1对犬齿 …………………………………………………………… 银鱼亚科 Salanginae

大银鱼亚科 Protosalanginae

前颌骨无前凸起，下颌突出，联合部无骨质凸起，上颌骨末端伸至眼前缘后方。无犬齿；前颌骨齿多。头稍平扁。吻短。胸鳍条20以上，通常至27，胸鳍基部肉质片发达。

本亚科产洪泽湖有2属。

属的检索表

1（2）吻稍尖长；腭骨齿每侧2行；舌具齿 …………………………………………………………大银鱼属 *Protosalanx*

2（1）吻短钝；腭骨齿每侧1行或呈退化状；舌无齿 …………………………………………………………新银鱼属 *Neosalanx*

大银鱼属 *Protosalanx* Regan，1908

Protosalanx：Ann. Mag. Nat. Hist.（Regan，1908）

Type-species（模式种）：*Salanx hyalocranius* Basilewsky.

身体细长，前部微圆，后部侧扁。头部扁平。吻稍尖长。前颌骨正常。上颌短于下颌，上颌骨后端伸越眼前缘下方；下颌突出，前端无肉质凸起。无犬齿，前颌骨和上颌骨各具1行齿，下颌骨、腭骨和舌上各具2行齿。背鳍末端位于臀鳍前。胸鳍鳍条20～27，基部具肉质片。尾鳍分叉。

本属产洪泽湖有1种。

04 大银鱼 *Protosalanx hyalocranius*（Abbott）

地方名：黄瓜头

文献记载

Salanx hyalocranius：Proc. U. S. Nat. Mus.（Abbott，1901）。

Protosalanx hyalocranius：Ann. Mag. Nat. Hist.（Regan，1908）。

Leucosoma chinensis：Mem. Asiatic Soc. Bengal（Fowler，1924）。

大银鱼 *Protosalanx hyalocranius*：水生生物学集刊（陈宁生，1956）；水生生物学集刊（伍献文，1962）；东海鱼类志（王文滨，1963）；华东师范大学学报（自然科学版）（孙帼英，1982）。

大银鱼 *Eperlanus chinensis*：上海鱼类志（中国水产科学研究院东海水产研究所等编著）（张国祥、倪勇和朱成德，1990）。

大银鱼 *Protosalanx hyalocranius*

基本特征

体近圆筒形，较粗壮。头扁平。吻三角形。上颌稍短于下颌。上颌骨末端超过眼前缘。鳃孔大。鳃盖膜与峡部相接。有假鳃。鳃耙细长。体表无鳞，仅雄鱼臀鳍上方有1列鳞片。鳔单室。肠管短而直。背鳍位于臀鳍前上方。脂鳍位于臀鳍后部上方，距尾鳍基部较近。雌性臀鳍起点紧位于背鳍后，雄性在背鳍后1～2根背鳍条下方。胸鳍具发达的肌肉基，雄性第一鳍条向后延长。尾鳍叉形。活时体呈半透明，死后发白，各鳍鳍膜呈灰白色，边缘较深。原产于海洋，现为洪泽湖定居性鱼类，生活于中、上层敞水面静水环境中。在湖泊中能完成繁殖产卵、仔幼鱼生长，直至性成熟的完整生命周期。大银鱼为肉食性凶猛鱼类，多以刀鲚、太湖新银鱼、似鱎、吻虾虎鱼和秀丽白虾等小型鱼虾为食，也存在同类相残。大银鱼寿命1年，产卵后亲鱼不久后死亡。大银鱼为洪泽湖的主要经济鱼类之一，被列为重点资源保护对象。大银鱼广泛分布于我国渤海、黄海、东海沿岸，以及长江、淮河、辽河等中下游及其附属湖泊。

实测特征

可数可量性状

测量标本数（尾）	15		
全长（mm）	122～130		
体长（标准长）（mm）	103～112		
体长/头长	4.1～5.5	脊椎骨	64～69
体长/体高	7.6～10.9	背鳍鳍条数	2，15～17
体长/尾柄长	/	臀鳍鳍条数	3，29～30
体长/尾柄高	/	胸鳍鳍条数	23～24
尾柄长/尾柄高	/	腹鳍鳍条数	7
头长/头高	/	鳃耙	13～17
头长/眼径	5.3～7.2	腹棱	无腹棱

注：引自《太湖鱼类志》(倪勇和朱成德，2005)。

新银鱼属 *Neosalanx* Wakiya et N. Takahashi，1937

Neosalanx：J. Coll. Agric. Imp.U miv. Tokyo.（Wakiya and Takahashi，1937）

Type-species（模式种）: *Neosalanx jordani* Wakiya and Takahashi，1937.

体细长，侧扁。吻短钝。眼小，眼侧位。口小。上颌略短于下颌，前颌骨不扩大呈三角形，上颌骨伸至眼前缘。两颌各具细齿1行，腭骨具齿1行或腭骨退化。背鳍全部或部分位于臀鳍前方。胸鳍下侧位，胸鳍基部有肉质片，鳍条20以上。腹鳍腹位。尾鳍分叉。具鳔。

本属洪泽湖产有2种。

种的检索表

1（2）腹鳍起点距臀鳍起点较距胸鳍起点为远；尾鳍基部有2个小黑点；脊椎骨50～53 ………………………………………… 乔氏新银鱼 *Neosalanx jordani*

2（1）腹鳍起点距胸鳍起点较距臀鳍起点为近；尾鳍基部通常无2个明显小黑点，有时仅有分散的黑色素；脊椎骨57～59 ……………………………………… 陈氏新银鱼 *Neosalanx tangkahkeii*

05 乔氏新银鱼 *Neosalanx jordani*（Wakiya et Takahashi）

地方名：黄瓜鱼、小银鱼

文献记载

Neosalanr jordani：J. Coll. Agri. Tokyo Imp. Univ.（Wakiya et Takahashi，1937）。

Paraprotosalanx andersoni：Sinensia（Fang，1934）。

寡齿短吻银鱼 *Neasalanx oligodontis*：Acta Hydrobiol. Sinica（水生生物学集刊）（陈宁生，1956）；水生生物学集刊（伍献文，1962）；江苏淡水鱼类（江苏省淡水水产研究所、南京大学生物系，1987）。

乔氏短吻银鱼 *Neosalanx jordani*：华东师范大学学报（自然科学版）（孙帼英，1982）。

寡齿新银鱼 *Neosalanx oligodontis*：动物学研究（张玉玲，1987）；水产学报（张玉玲，1990）；上海鱼类志（中国水产科学研究院东海水产研究所等编著）（张国祥、倪勇和朱成德，1990）。

乔氏短吻银鱼 *Salangichthys*（*Neosalanx*）*jordani*：水产学报（张开翔，1984）。

乔氏新银鱼 *Neosalanx jordani*：浙江动物志·淡水鱼类（毛节荣主编）（郑国生，1991）。

乔氏新银鱼 *Neosalanx jordani*

注：引自《太湖鱼类志》（倪勇和朱成德，2005）。

基本特征

体细长，体前部圆柱形，体后部侧扁。头短，头部扁平。吻短而圆钝，吻长约等于眼前头宽。口中大，下颌略长于上颌，上颌骨末端伸达眼中部下方。下颌联合部无骨质凸起，无犬齿。腭骨和舌上无齿，具1行上颌骨齿，共30～36个，下颌骨齿0～1个，前上颌骨齿0～2个。眼中大。眼间隔微凸。鳃孔大，鳃盖膜与峡部相连。鳃耙细长。体无鳞，但雄鱼有1列鳞片位于臀鳍上方。鳔1室，有鳔管与食道相通。脂鳍小，位于臀鳍后部上方。雄鱼臀鳍起点位于背鳍最后鳍条下方，雌鱼位于后下方。成熟雄鱼臀鳍条褶成波浪形，雌鱼较小。胸鳍扇形，具肌肉基。腹鳍小，至肛门间有明显的棱膜。尾鳍分叉。生活时体呈半透明，死后乳白色。体腹部两侧各有1行黑色素。臀鳍和尾鳍灰黑色，雄鱼臀鳍基部中央有1明显条形黑色素斑点。尾鳍基部通常有黑斑2个。

实测特征

可数可量性状

测量标本数（尾）	5		
全长（mm）	/		
体长（标准长）（mm）	37～43		
体长/头长	6.0～7.2	脊椎骨	50～53
体长/体高	7.4～10.0	背鳍鳍条数	2，9～11
体长/尾柄长	/	臀鳍鳍条数	3，19～23
尾柄长/尾柄高	2.5	胸鳍鳍条数	22
头长/吻长	3.0～4.6	腹鳍鳍条数	7
头长/眼径	3.0～4.6	鳃耙	11～15
头长/眼间距	2.4～4.0	腹棱	无腹棱

注：引自《太湖鱼类志》（倪勇和朱成德，2005）。

06 陈氏新银鱼 *Neosalanx tangkahkeii*（Wu）

地方名：小银鱼、黄瓜鱼、胡瓜鱼

文献记载

Protosalanx tangkahkeii：Bull. Mus. Paris，Ser.（Wu，1931）。

太湖短吻银鱼 *Neosalanx tangkahkeii*（Wu）var. *taihuensis*：Acta Hydrobiol. Sinica（水生生物学集刊）（陈宁生，1956）；水生生物学集刊（伍献文，1962）；江苏淡水鱼类（江苏省淡水水产研究所、南京大学生物系，1987）；浙江动物志·淡水鱼类（毛节荣主编）（郑国生，1991）。

太湖短吻银鱼 *Salangichthys*（*Neosalanx*）*tangkahkeii taihuensis*：海洋湖泊科学文集

（张开翔，1987）；湖泊科学（张开翔，1998）。

太湖新银鱼 *Neosalanx taihuensis*：动物学研究（张玉玲，1987）；水产学报（张玉玲，1990）；上海鱼类志（中国水产科学研究院东海水产研究所等编著）（张国祥、倪勇和朱成德，1990）；浙江动物志·淡水鱼类（毛节荣主编）（郑国生，1991）。

陈氏新银鱼 *Neosalanx tangkahkeii*：福建鱼类志（上卷）（张其永，1984）；动物学研究（张玉玲，1987）。

近太湖新银鱼 *Neosalanx pseudotaihuensis*：Zool. Res.（动物学研究）（张玉玲，1987）；水产学报（张玉玲，1990）。

陈氏新银鱼 *Neosalanx tangkahkeii*

基本特征

体细长。头扁平。吻部短钝。上颌稍长于下颌或等长。前上颌骨、上颌骨和下颌骨各有1行细齿。腭骨与舌上无齿。除雄鱼臀鳍上方有1列鳞片外体无鳞。鳔单室，鳔管与食道相通。脂鳍小，位于臀鳍后部上方。臀鳍起点略后于背鳍基底末端。成熟个体的胸鳍为扇形，有明显的肌肉基。尾鳍分叉。活体呈半透明，死亡后发白。腹部两侧一般各有1行黑色素小点。为定居性鱼类。生活于敞水区和湖湾水域的中、上层。主要以浮游动物中的枝角类与桡足类为食，偶食轮虫类或其他。在湖泊中本种可能存在春季和秋季两个产卵群体。本种幼鱼生长较为迅速，但各年因水文和饵料丰度不同有所差异。产卵后亲鱼迅速死亡。本种银鱼为洪泽湖重要经济鱼类之一。

实测特征

可数可量性状

测量标本数（尾）	5		
全长（mm）	81～116		
体长（标准长）（mm）	73～100		
头长（mm）	9.4～16.6		
体长/头长	5.3～6.9	脊椎骨	56～60
体长/体高	7.1～10.4	背鳍鳍条数	2，11～14
体长/尾柄长	7.7～8.9	臀鳍鳍条数	3，20～25
体长/尾柄高	18.5～20.8	胸鳍鳍条数	21～26
尾柄长/尾柄高	1.4～2.5	腹鳍鳍条数	7
头长/头高	2.3～3.0	鳃耙	14～17
头长/眼径	6.0～6.6	腹棱	无腹棱

注：以上样品2023年采自洪泽湖。

银鱼亚科
Salanginae

前颌骨前端扩大呈尖三角形。上颌骨不伸达眼前缘，下颌不突出。下颌联合部具大的骨质凸起，上有犬齿1对；前颌骨齿扩大，显著弯曲；上颌骨齿较少，最多至12；腭骨齿每侧1行。头平扁。吻长。胸鳍基肉片不发达。

本亚科洪泽湖产有1属。

间银鱼属 *Hemisalanx* Regan，1908

Hemisalanx：Ann. Mag. Nat. Hist.（Regan，1908）

Type-species（模式种）: *Hemisalanx prognathus* Regan，1908.

体细长，圆筒形。头尖而平扁。口前位，口大。下颌稍突出，前端中央有肉突。上颌骨后端不达眼前缘。前颌骨呈三角形，具较大和弯曲的齿；下颌联合部有1对犬齿，腭骨齿1行，舌上无齿。背鳍位于臀鳍上方。臀鳍大于背鳍。胸鳍约具10根鳍条，基部肉瓣不发达。腹鳍腹位。尾鳍分叉。

本属洪泽湖产有1种。

07 短吻间银鱼 *Hemisalanx brachyrostarlis*（Fang）

地方名：灰残鱼、银鱼、黄瓜鱼

文献记载

Salanx cuvieri：Ann. Mag. Nat. Hist.（Regan，1908）；Proc. U. S. Nat. Mus.（Fowler et Bean，1920）；Contr. Biol. Lab. Sci. Soc.（Tchang，1928）；Science（Tchang，1929）；Bull. Fan Mem. Inst. Biol.（Shaw，1930）。

Salanx brachyrostarlis：Sinensia（Fang，1934）。

Reganisalanx normanni：Sinensia（Fang，1934）。

Reganisalanx brachyrostarlis：Sinensia（Fang，1934）。

雷氏银鱼 *Hemisalanx brachyrostarlis*：吴县水产志（陈俊才等，1989）。

长江银鱼 *Hemisalanx brachyrostarlis*：长江鱼类（中国科学院水生生物研究所，1976）。

短吻间银鱼 *Hemisalanx brachyrostarlis*：动物分类学报（张玉玲，1985）；上海鱼类志（中国水产科学研究院东海水产研究所等编著）（张国祥、倪勇和朱成德，1990）；湖泊科学（朱松泉，2004）；内陆水产（陈祖培、许爱国等，2004）。

短吻间银鱼 *Hemisalanx brachyrostarlis*

基本特征

体细长，前部圆形，后部侧扁。头尖长，颇平扁。吻较长，尖锐，吻长大于眼前头宽、小于眼后头长。上颌略长于下颌。前上颌骨具齿1行，上颌骨具齿1行，腭骨具齿1行，下颌骨具齿1行，犁骨和舌上无齿。下颌骨前端肉质凸起无齿，近联合处有1对犬齿。鳃孔大。鳃盖膜与峡部相接。具短小稀疏鳃耙。除雄鱼臀鳍上方有1列鳞片外体表无鳞。背鳍后位。腹鳍起点距吻端与距尾鳍基相等或近后者。胸鳍肌肉基不显著。尾鳍分叉。生活时呈半透明。腹部有黑点2行，尾鳍密集分布有黑色素，其他各部均为无色。繁殖期在3月，成熟卵呈圆形。分布于我国长江中下游及其附属湖泊以及瓯江。本种在洪泽湖已多年未有记录。

实测特征

可数可量性状

测量标本数（尾）	14		
全长（mm）	/		
体长（标准长）（mm）	115～118		
体长/头长	4.8～5.4	脊椎骨	74～79
体长/体高	10.1～15.7	背鳍鳍条数	2，10～12
体长/尾柄长	/	臀鳍鳍条数	3，23～26
尾柄长/尾柄高	/	胸鳍鳍条数	1，8
头长/吻长	2.2～2.7	腹鳍鳍条数	1，7
头长/眼径	7.0～8.7	鳃耙	7～9
头长/眼间距	3.2～4.0	腹棱	无腹棱

注：引自《太湖鱼类志》（倪勇和朱成德，2005）。

鲤形目 Cypriniformes

上颌口缘仅由上颌骨组成，或由前颌骨、上颌骨组成。具下咽齿。犁骨和两颌一般无齿。体裸露或被圆鳞，体表无骨板。通常侧线完全。背鳍1个。胸鳍下侧位。腹鳍腹位。具韦伯氏器，连接内耳和鳔。具中乌喙骨、缝合骨、眶蝶骨、顶骨、间鳃盖骨、下鳃盖骨。具肌间刺，一般肌间刺发达。一般无上肋骨。第三、四椎骨不愈合。

本目产洪泽湖有2科。

科的检索表

1（2）口前吻部无须，或仅有1对吻须，背鳍分支鳍条数30以下；下咽齿1～3行，每行至多7齿 ······ 鲤科 Cyprinidae

2（1）口前吻部具须2对 ······ 鳅科 Cobitidae

鲤科 Cyprinidae

体侧扁，腹部圆形或具肉棱。口通常能伸缩，上颌骨口缘由前颌骨组成。上、下颌无齿。最后1对鳃弓形成下咽骨。具1～2对、4对口须，或无须。体通常被圆鳞。背鳍最后一枚不分支鳍条有时骨化成硬刺，或具锯齿。臀鳍有时也具硬刺。腹鳍腹位，与背鳍相对，或前或后。尾鳍分叉。无脂鳍。鳔游离，2或3室。

鲤科鱼类是洪泽湖鱼类的主要组成部分。

本科产洪泽湖有8亚科。

亚科的检索表

1（14）臀鳍分支鳍条一般6枚以上；臀鳍末根不分支鳍条不为带锯齿的硬刺；第三椎体的神经棘上部分叉

2（3）眶下骨一般较大，第五眶下骨与眶上骨相接触；下颌前端具凸起与上颌凹刻相吻合（除细鲫例外） ······ 鿕亚科 Danioninae

3（2）眶下骨除泪骨外均较小，第五眶下骨一般不与眶上骨相接触，如眶上骨较发达，也只与第四眶下骨相连；上下颌前端无凹刻和凸起

4（13）体细长，圆筒形或侧扁；背鳍短，起点一般约与腹鳍起点相对；臀鳍起点在背鳍基部之后；肠道呈逆时针方向盘旋；雌鱼一般不具产卵管

亚科的检索表

5（12）臀鳍分支鳍条7枚以上；乌喙骨粗壮，乌喙骨和匙骨之间有较大骨孔

6（7）腹部一般无腹棱；腹鳍骨分叉很深，叉深到达或超过骨长的1/2
……………………………………………………………… 雅罗鱼亚科 Leuciscinae

7（6）腹部具腹棱（鲴亚科有些种亦有）；腹鳍骨分叉较浅，叉深不达骨长的1/2

8（9）臀鳍基部较长，分支鳍条通常在14枚以上 ……………… 鲌亚科 Culterinae

9（8）臀鳍基部较短，分支鳍条一般在14枚以下

10（11）下颌具角质锐缘；下咽齿主行通常6枚以上；无鳃上器；眼位正常
……………………………………………………………… 鲴亚科 Xenocyprinae

11（10）下颌无角质锐缘；下咽齿一行4枚；具鳃上器；眼位于头侧纵轴线之下方
…………………………………………………… 鲢亚科 Hypophthalmichthyinae

12（5）臀鳍分支鳍条6枚；乌喙骨细弱；乌喙骨和匙骨间孔较小
……………………………………………………………… 𬶋亚科 Gobioninae

13（4）体卵圆形；背鳍较长，起点在腹鳍起点之后，臀鳍起点在背鳍基部之下；肠道呈顺时针方向盘旋；雌鱼通常有发达的产卵管
……………………………………………………………… 鱊亚科 Acheilognathinae

14（1）臀鳍一般仅有5枚分支鳍条；臀鳍末根不分支鳍条特化为带锯齿的硬刺；第三椎体的神经棘呈单片状 ……………………………… 鲤亚科 Cyprininae

𬶏亚科
Danioninae

体侧扁，一般无腹棱，或仅在腹鳍基部至肛门间有不完全腹棱。一般口端位。有些种类下颌前端正中有一凸起，与上颌凹刻相吻合。无须或1～2对须。鳃盖膜与峡部相连。具完全或不完全侧线，向后延伸于尾柄。下咽齿2～3行。各鳍无硬刺，背鳍具分支鳍条7～10，臀鳍具分支鳍条10～14。

本亚科产洪泽湖有1属。

马口鱼属 *Opsariichthys* Bleeker，1863

Opsariichthys：Ned. Tijd. Dierk.（Bleeker，1863）

Type-species（模式种）： *Leuciscus uncirostris* Temminck et Schlegel.

体长，侧扁，腹部圆，无腹棱。口端位，斜裂，上颌骨后端伸达眼中部下方。下颌前端和两侧各有凸起，与上颌前端和两侧凹刻相吻合。无须。侧线完全，弧形

下弯，后部行于尾柄中央。侧线鳞数42～50个。背鳍起点约与腹鳍起点相对，具3不分支鳍条、7分支鳍条。臀鳍起点在背鳍末端后下方，具3不分支鳍条、8～9分支鳍条，雄鱼前方数鳍条显著延长至尾鳍基。尾鳍分叉。下咽齿3行。鳃盖膜不与峡部连接。具短小鳃耙，排列稀疏。鳔2室。腹膜灰白色。

本属产洪泽湖有1种。

08 马口鱼 *Opsariichthys bidens*（Günther）

地方名：桃花鱼、马口

文献记载

Opsariichthys bidens：Ann. Mag. Nat. Hist.（Gunther，1873）。

马口鱼 *Opsariichthys bidens*：上海鱼类志（中国水产科学研究院东海水产研究所等编著）（王幼槐，1990）；中国动物志·硬骨鱼纲·鲤形目（中卷）（陈宜瑜、褚新洛，1998）。

马口鱼 *Opsariichthys bidens*

基本特征

体长而侧扁，体灰黑色，腹部银白色。体侧有十数条浅亮蓝色纵带。各鳍有橙黄色，背鳍膜常有黑斑。雄鱼在生殖季节特别鲜艳。无腹棱。头侧扁中大。吻长而钝。口端位，斜裂。上颌中央及两侧凹入，恰与下颌中央及两侧凸起相吻合，眼上侧位，小，略近吻端。眼间隔宽平。口无须。鳃盖膜不与峡部相连。体被中大圆鳞。侧线完全，弧形下弯，后部伸至尾柄中部。背鳍、臀鳍无硬刺，雄鱼臀鳍第一至四枚分支鳍条延长，后端到达尾鳍基部。胸鳍下侧位。腹鳍起点约与背鳍起点相对，后端不达臀鳍。尾鳍叉形。鳃耙短小，排列稀疏。广泛栖息于我国黑龙江、黄河、淮河、长江、珠江流域的江河、湖库、溪流中。性凶猛，以鱼虾和水生昆虫等为食。

实测特征

可数可量性状

测量标本数（尾）	3		
全长（mm）	/		
体长（标准长）（mm）	108.5～123		
头长（mm）	/		
体长/头长	3.6～3.7	下咽齿	1·3·4/5·3·1或 1·4·4/4·4·1
体长/体高	3.7～4.2	背鳍鳍条数	3，7
尾柄长/尾柄高	1.6～1.8	臀鳍鳍条数	3，9
头长/吻长	3.1～3.4	胸鳍鳍条数	1，12～13
头长/眼径	5.6～6.8	腹鳍鳍条数	1，8
头长/眼间距	3.0～3.2	鳃耙	2～3+7～8

注：引自《太湖鱼类志》（倪勇和朱成德，2005）。

雅罗鱼亚科 Leuciscinae

体延长，稍侧扁，或近圆筒形，腹部圆，一般无腹棱。头侧扁或近锥形。口端位或亚下位。两颌一般无角质缘。一般无须，或具须1～2对。唇简单。眼上侧位。第四围眶骨较大，第五围眶骨一般不与眶上骨相接。鳃孔宽，鳃盖膜与峡部相连。鳃耙一般较短。下咽齿1～3行，多数为2行，齿侧扁，呈梳状、钩状或臼状。体被小型或中型圆鳞。胸部通常有鳞。侧线一般完全。各鳍均无硬刺，背鳍具7～10不分支鳍条，臀鳍一般具7～14分支鳍条。尾鳍叉形。肛门紧靠臀鳍起点之前方。鳔2室。

本亚科产洪泽湖有5属。

属的检索表

1（2）臀鳍近于尾鳍，起点距尾鳍基较距腹鳍起点为近或相等，成鱼个体大；侧线鳞100以上；头呈锥形，上颌不能伸缩，口裂大，伸越眼前缘 …………………………………………………………………… 鳡属 *Elopichthys*

2（1）侧线鳞100以下

3（4）背鳍分支鳍条9～10枚；鳃耙20以上；侧线鳞80以下 … 鳤属 *Ochetobius*

4（3）背鳍分支鳍条7枚；鳃耙20以下；侧线鳞50以下

5（6）须2对；活体眼上缘有红斑 ………………………… 赤眼鳟属 *Squaliobarbus*

6（5）无须，活体眼上无红斑

7（8）下咽齿1行，臼齿状；鳍深黑色 ………………… 青鱼属 *Mylopharyngodon*

8（7）下咽齿2行，侧扁梳状；鳍灰黄色 ……………… 草鱼属 *Ctenopharyngodon*

鳡属 *Elopichthys* Bleeker，1859

Elopichthys：Nat. Tijd. Ned. Indie.（Bleeker，1859）

Type-species（模式种）: *Leuciscus bambusa* Richardson，1845.

Scombrocypris：Ann. Mag. Nat. Hist.（Günther，1889）

Type-species（模式种）: *Scombrocypris styani* Günther，1889.

体形延长，呈圆筒形，稍微侧扁。腹部圆，无腹棱。头部尖长，呈锥形，吻部尖突。眼睛小，位于头部的上侧。眼间隔宽而平。口端位，口裂很大，上颌无法伸缩，边缘锐利。上、下颌的长度相等，下颌前端中央有一个突起，与下颌凹刻吻合。侧线完全，侧线鳞超过100个。背鳍、臀鳍均无硬刺。鳔分为2室，后室较长。腹膜呈银白色。

本属产洪泽湖有1种。

鳡 *Elopichthys bambusa*（Richardson）

地方名：黄占、黄鲇、黄秸秆、鳡鱼、竿鱼

文献记载

Leuciscus bambusa：Ichthy.Voyage Sulphur.（Richardson，1845）。

Elopichthys bambusa：Verh. Akad. Amst.（Bleeker，1871）；Proc. Calif. Acad. Sci.（Evermann and Shaw，1927）。

鳡鱼 *Elopichthys bambusa*：海洋湖沼研究文集（王玉纲等，1986）；江苏淡水鱼类（江苏省淡水水产研究所等，1987）；洪泽湖渔业史（《洪泽湖渔业史》编写组，1990）。

鳡 *Elopichthys bambusa*：中国系统鲤类志（张春霖，1959）；长江鱼类（中国科学院水生生物研究所，1976）；上海鱼类志（王幼槐，1990）；洪泽湖（朱松泉、魏绍芬等，1993）；中国动物志·硬骨鱼纲·鲤形目（中卷）（罗云林，1998）；太湖鱼类志（倪勇和朱成德，2005）。

基本特征

体延长，稍侧扁，腹部圆，无腹棱。头尖，锥形。吻长约为眼径的3倍。眼间隔宽而圆凸。下颌缝合处有一角质凸起，与上颌缝合处的凹陷相嵌合。鳃孔宽大，向前伸至眼后缘下方。侧线完全。背鳍、臀鳍均无硬刺。胸鳍下侧位，后端远不伸达腹鳍。腹鳍

鳡 *Elopichthys bambusa*

起点前于背鳍起点。鳃耙短，稀疏。鳔2室。腹膜银灰色。背部灰褐色，腹侧银白色。背鳍和尾鳍暗灰色，颊部金黄色，其他各鳍淡黄色。鳡属江湖半洄游性鱼类。通常生活在水体的中、上层，在江河流水中产卵。游泳迅速，行动敏捷，为掠食性凶猛鱼类，常追击捕食其他鱼类。在长江干流河床深水处越冬。产卵期在4月中旬至6月下旬，盛产期多在5月。产卵场主要在长江中上游。浮性卵。分布于江苏省长江干流，淮河及附属湖泊、水库；也见于我国黑龙江、黄河、长江和珠江等各水系。

实测特征

可数可量性状

测量标本数（尾）	4		
全长（mm）	/		
体长（标准长）（mm）	263～355		
头长（mm）	/		
体长/头长	3.8～4.4		
体长/体高	5.6～6.0	背鳍鳍条数	3，9～10
体长/尾柄长	/	臀鳍鳍条数	3，10～11
体长/尾柄高	/	胸鳍鳍条数	1，16
尾柄长/尾柄高	1.7～2.1	腹鳍鳍条数	2，9
头长/头高	/	侧线鳞数	$104\frac{18\sim20}{6\sim7\text{-}V}115$
头长/眼径	8.5～9.5	腹棱	无腹棱

注：引自《太湖鱼类志》（倪勇和朱成德，2005）。

鳤属 *Ochetobius* Günther，1868

Ochetobius：Cat. Fish. Br. Mus.（Günther，1868）

Type-species（模式种）：*Opsarius elongatus* Kner，1867.

体形细长，呈圆筒形，腹部圆，无腹棱。头部短小，稍微侧扁。吻部尖长，与眼间距相等或稍大。口小，位于头部的端部。上颌稍微突出，上颌骨的后端延伸到眼睛前缘的下方。侧线完全，呈广弧形向下弯曲，后部位于尾柄的中央。背鳍、臀鳍均无硬刺。鳃盖膜与峡部相连。下咽齿分布3行。鳔分为2室。腹膜呈银灰色。

本属产洪泽湖有1种。

10 鳡 *Ochetobius elongatus* (Kner)

地方名：烟管鱼、鳡鱼

文献记载

Opsarius elongatus：Fische *Novara Exped.*（Kner，1867）。

Ochetobius elongatus：Cat. Fish. Br. Mus.（Günther，1868）；Science（Tchang，1929）。

鳡 *Ochetobius elongatus*：中国系统鲤类志（张春霖，1959）；长江鱼类（中国科学院水生生物研究所，1976）；上海鱼类志（王幼槐，1990）；浙江动物志淡水鱼类（徐寿山，1991）。

鳡鱼 *Ochetobius elongatus*：洪泽湖渔业史（《洪泽湖渔业史》编写组，1990）。

基本特征

体细长，圆筒形，稍侧扁；腹部圆，无腹棱。眼间隔宽，微凸，约为眼径2倍。口小，端位。上颌骨末端伸达鼻孔下方。鳃盖膜与峡部相连。体被较小圆鳞。侧线完全。背鳍、臀鳍均无硬刺。腹鳍起点约与背鳍起点相对，约位于胸鳍基与肛门的中点。鳃耙细长，排列紧密。下咽齿宽大而光滑，末端钩曲。鳔2室。肠长短于体长。腹膜银灰色。

鳡 *Ochetobius elongatus*

背部灰褐色，腹侧银白色，各鳍淡黄色。性情温和，食性以水生昆虫、枝角类等浮游生物为主，也摄食一些小鱼和虾类。有江湖洄游习性，成体在每年的4—6月溯河洄游至长江上游急流江段产卵。主要产卵场在长江上游。鳍生长较慢，数量较少，经济价值不大。分布于我国长江中下游干流及沿线湖泊，近年来较少见；也见于长江以南水系。

实测特征

可数可量性状

测量标本数（尾）	4		
全长（mm）	/		
体长（标准长）（mm）	110～265		
头长（mm）	/		
体长/头长	4.3～5.2		
体长/体高	5.1～5.6	背鳍鳍条数	3，9
体长/尾柄长	7.4～8.2	臀鳍鳍条数	3，9～10
体长/尾柄高	12.7～14.3	胸鳍鳍条数	1，16
尾柄长/尾柄高	1.7	腹鳍鳍条数	2，9
头长/头高	/	侧线鳞数	$66\frac{10}{4\sim4.5\text{-}V}71$
头长/眼径	8.1～8.5	腹棱	无腹棱

注：引自《太湖鱼类志》（倪勇和朱成德，2005）。

赤眼鳟属 *Squaliobarbus* Günther，1868

Squaliobarbus：Cat. Fish. Br. Mus.（Günther，1868）

Type-species（模式种）：*Leuciscus curriculus* Richardson，1846.

体延长，略带侧扁，腹部呈圆形，无腹棱。头部较小，吻部短而钝。口位于前方，宽度较大，向上倾斜。下颌略短。具2对短须。眼上缘有一个红色斑点。眼间距较宽且凸出。侧线完全，呈广弧形向下弯曲。侧线鳞片数目为41～48。背鳍、臀鳍均无硬刺。鳃盖膜与峡部相连。鳃耙较短小。下咽齿分布3行，齿端呈钩状。鳔分为2室。腹膜呈黑色。

本属产洪泽湖有1种。

11 赤眼鳟 *Squaliobarbus curriculus* (Richardson)

地方名：红眼睛鱼、野草鱼、红眼草鱼、红眼马郎、马浪

文献记载

Leuciscus curriculus：Rep. Br. Assoc. Admt. Sci.（Richardson，1846）。

Squaliobarbus curriculus：Ann. Mag. Nat. Hist.（上海）（Günther，1873）；Ark. Zool.（Rendahl，1928）。

赤眼鳟 *Squaliobarbus curriculus*：中国系统鲤类志（张春霖，1959）；长江鱼类（中国科学院水生生物研究所，1976）；海洋湖沼研究文集（王玉纲等，1986）；江苏淡水鱼类（江苏省淡水水产研究所等，1987）；洪泽湖渔业史（《洪泽湖渔业史》编写组，1990）；上海鱼类志（曹正光，1990）；太湖鱼类志（倪勇和朱成德，2005）。

基本特征

体延长，腹部圆，无腹棱。头圆锥形。眼间隔宽，微凸，其宽约为眼径的2倍。口端位，斜裂。上颌略长于下颌。上颌骨后端伸达鼻孔后下方。口角须2对。鳃盖膜与峡部相连。侧线完全，浅弧形下弯，后部行于尾柄中央。背鳍无硬刺，起点距吻端较距尾鳍基为近。臀鳍起点距腹鳍基底较距尾基为远。腹鳍起点约与背鳍起点相对。肛门紧靠臀鳍起点。鳃耙稀短。下咽齿主行第一、第二齿圆锥状，其余齿侧扁。鳔2室。肠长大于体长。腹膜黑色。体银白，背部较深。生活时眼的上缘有一块红斑。体侧每个鳞片的基部有一黑色斑块，组成数列纵纹。背鳍和尾鳍深灰色，尾鳍有一黑色的边缘，其余各鳍灰白色。多栖息于江河湖泊流速缓慢的水域中，善跳跃，在繁殖季节有集群现象，繁

赤眼鳟 *Squaliobarbus curriculus*

殖季节一般在6月中旬至8月，盛产在7月。幼鱼通常在江湖沿岸带觅食，是以水草为主的杂食性鱼类。产卵场一般在长江支流沿岸水草茂盛的水域，有时也在浅滩沙砾上产卵。卵沉性，浅绿色。分布较广，除新疆和青藏高原以外我国各大水系均有分布。

实测特征

可数可量性状

测量标本数（尾）	4		
全长（mm）	/		
体长（标准长）（mm）	130～310		
头长（mm）	/		
体长/头长	4.2～4.7		
体长/体高	4.6～4.9	背鳍鳍条数	3，7
体长/尾柄长	/	臀鳍鳍条数	3，7～9
体长/尾柄高	/	胸鳍鳍条数	1，14～15
尾柄长/尾柄高	1.3～1.5	腹鳍鳍条数	2，8
头长/头高	/	侧线鳞数	$45\frac{7}{3\sim3.5\text{-}V}48$
头长/眼径	4.2～4.8	腹棱	无腹棱

注：引自《太湖鱼类志》（倪勇和朱成德，2005）。

青鱼属 *Mylopharyngodon* Peters，1881

Mylopharyngodon：Monatsb.Akad. Wiss. Berl.（Peters，1881）

Type-species（模式种）：*Leuciscus aethiops* Basilewsky，1855.

Myloleuciscus：Mem. Mus. Comp. Zool. Harv.（Garman，1912）

Type-species（模式种）：*Myloleuciscus atripinnis* German，1912.

体型长而近似圆筒形，腹部呈圆形，无腹棱。头部较宽，稍微扁平。吻部短而钝尖。眼间距较宽并稍凸出。上颌略微突出，无须。侧线呈完整的浅弧形向下弯曲。背鳍无硬刺，起点略在腹鳍起点之前。臀鳍无硬刺，起点与腹鳍基部的距离稍近或者相等。鳃耙较短小且稀疏分布。下咽齿排列成一行，呈臼齿状，磨面光滑。鳔较大，分为2室。

本属产洪泽湖有1种。

12 青鱼 *Mylopharyngodon piceus* (Richardson)

地方名：螺蛳青、乌青、青混

文献记载

Leuciscus piceus：Rep. Br. Assoc. Adomt. Sci.（Richardson，1846）。

Myloleuciscus aethiops：Proc. U. S. Nat. Mus.（Evermann and Shaw，1927）；Contr. Biol. Lab. Sci. Soc. China（Tchang，1928）。

青鱼 *Mylopharyngodon piceus*：中国鲤科鱼类志（上卷）（杨干荣、黄宏金，1964）；长江鱼类（中国科学院水生生物研究所，1976）；海洋湖沼研究文集（王玉纲等，1986）；江苏淡水鱼类（江苏省淡水水产研究所等，1987）；洪泽湖渔业史（《洪泽湖渔业史》编写组，1990）；中国动物志·硬骨鱼纲·鲤形目（中卷）（罗云林，1998）；太湖鱼类志（倪勇和朱成德，2005）。

基本特征

体延长，腹部圆，无腹棱。头中大，稍侧扁，头顶宽平。吻圆钝，吻长大于眼径。眼间隔宽突，约为眼径3倍，上颌大于下颌。上颌骨后端深达鼻孔后缘下方。口角无须。侧线完全，广弧形下弯。背鳍无硬刺，起点距吻端较距尾鳍基稍近或相等。臀鳍无硬刺，起点在腹鳍起点与尾鳍基之中点，或近尾鳍基。胸鳍下侧位，不伸达腹鳍。腹鳍起点稍

青鱼 *Mylopharyngodon piceus*

后于背鳍起点，后端不伸达肛门。下咽骨宽短。下咽齿臼齿状，齿面光滑。鳔2室，后室较长。肠长为体长的2倍余。腹膜黑色。体呈青灰色，背部较深，腹部灰白色。各鳍灰黑色。生活在中下层，食性比较单纯，以软体动物螺、蚬为主要食物，较小的个体有时也吃底栖动物中的昆虫幼虫，而仔鱼、稚鱼和早期幼鱼阶段则以浮游动物为主。江苏省各地均产并有饲养。除新疆和青藏高原无自然分布外，我国各大江河水系均有分布。

实测特征

可数可量性状

测量标本数（尾）	4		
全长（mm）	/		
体长（标准长）（mm）	300～380		
体长/头长	4.0～5.6	背鳍鳍条数	3，7～8
体长/体高	3.6～4.2	臀鳍鳍条数	3，8
体长/尾柄长	4.7～6.7	胸鳍鳍条数	15～16
体长/尾柄高	7.2～9.4	腹鳍鳍条数	1，8
尾柄长/尾柄高	1.2～1.7	侧线鳞数	$42\frac{5\sim6}{4\sim5\text{-}V}44$
头长/眼径	5.8～6.9	腹棱	无腹棱

注：引自《太湖鱼类志》（倪勇和朱成德，2005）。

草鱼属 *Ctenopharyngodon* Steindachner，1866

Ctenopharyngodon：Verh. Zool.–Bot . Ges. Wien.（Steindachner，1866）

Type-species（模式种）： *Ctenopharyngodon laticeps* Steindachner，1866＝*Leuciscus idella* Valenciennes，1844.

体延长，腹部圆形，无腹棱。头部中等大小，顶部较宽。吻部短而钝。眼间隔较宽且呈圆形。下颌略短。无须。侧线完全，呈浅弧形向下弯曲。背鳍无硬刺，起点略在腹鳍起点之前。臀鳍无硬刺，起点距离尾鳍基部较近，相对于腹鳍起点更近一些。鳃耙较短小。第四个眶骨稍大，与眶上骨距离较近但不相接；第五个眶骨为管状。鳃盖膜与峡部相连。下咽齿排列成两行，主行齿侧扁且呈梳状。鳔较大，分为2室。

本属产洪泽湖有1种。

13 草鱼 *Ctenopharyngodon idellus*（Valenciennes）

地方名：草鲩、草青、草混、混子

文献记载

Leuciscus idella：Hist. Nat. Poiss.（Cuvier and Valenciennes，1844）。

Ctenopharyngodon idellus：Ark. Zool.（Rendahl，1928）；Zool. Sinica（Tchang，1939）。

草鱼 *Ctenopharyngodon idellus*

基本特征

体延长，腹部圆，无腹棱。头中大，头背宽平。吻短钝，吻长大于眼径。眼间隔宽突，为眼径3倍余。口中大，端位，弧形，上颌略长于下颌。口角无须。侧线完全，广弧形下弯，后部行于尾柄中央。背鳍无硬刺。臀鳍无硬刺，起点距尾鳍基较距腹鳍起点为近。胸鳍下侧位，后端不伸达腹鳍。腹鳍起点稍后于背鳍起点，距胸鳍基与距臀鳍起点约相等，末端不伸达肛门。鳔2室，后室长于前室。肠长为体长2.0～3.0倍。腹膜灰黑色。体呈茶黄色，背部青灰，略泛黄色，腹部灰白。胸鳍和腹鳍带灰黄色，其余各鳍较淡。一般栖息于水体的中、下层，性活泼，游泳快。草食性，幼鱼阶段以浮游生物为主，兼食小型水生昆虫，成鱼主要以水生高等植物为食料，有时也食底栖生物。草鱼繁殖季节在每年的5月上旬到6月下旬，繁殖盛期为5月中下旬。草鱼的产卵场主要集中在长江干流中游宜昌以下江段。一般河流汇合处、河曲一侧的深槽水域及两岸突然紧缩的江段都适宜草鱼产卵。性成熟个体在繁殖季节有明显的副性征，即雄鱼胸鳍条第1至第4根鳍条上布满珠星，触感粗糙，雌鱼仅在这些鳍条的末端后部分布有珠星。卵浮性。江苏各地均有养殖。除新疆、青藏高原无自然分布外，我国各大江河水系均有分布。

实测特征

可数可量性状

测量标本数（尾）	5		
全长（mm）	/		
体长（标准长）（mm）	140～455		
体长/头长	3.7～4.3		
体长/体高	3.3～4.5	背鳍鳍条数	3，7
体长/尾柄长	6.2～8.0	臀鳍鳍条数	3，8
体长/尾柄高	8.3～9.2	胸鳍鳍条数	1，16～17
尾柄长/尾柄高	1.1～1.5	腹鳍鳍条数	1，8
头长/眼径	4.9～6.7	侧线鳞数	$38\frac{6\sim7}{5\text{-}V}42$

注：引自《太湖鱼类志》（倪勇和朱成德，2005）。

鲌亚科 Culterinae

体侧扁长形，或较高而呈菱形。腹部自胸鳍基或腹鳍基至肛门具腹棱。头小或中大。口端位、亚上位或上位。口角无须（须华鳊例外）。眼侧上位。体被圆鳞。侧线完全。背鳍短。尾鳍深叉形，通常下叶较上叶稍长。

本亚科是洪泽湖鲤科鱼类中的较大类群之一，一般中等体型，多为中上层鱼类，产量多，具重要的经济价值。

本亚科产洪泽湖有7属。

属的检索表

1（12）背鳍具硬刺

2（11）背鳍最后1根硬刺后缘光滑；下咽齿3行

3（8）腹棱完全，自胸鳍基至肛门

4（5）侧线在胸鳍上方急剧向下弯折；臀鳍分支鳍条在20以下 ·· 䱗属 *Hemiculter*

5（4）侧线平缓，前部不急剧向下弯折；臀鳍分支鳍条在20以上

6（7）口上位；体长为体高的3倍以上 ································ 原鲌属 *Cultrichthy*

7（6）口端位；体长为体高的3倍以下 ································ 鳊属 *Parabramis*

8（3）腹棱不完全，自腹鳍基至肛门

属的检索表

9（10）口端位；体长为体高的3倍以下 …………………………… 鲂属 *Megalobrama*

10（9）口上位或亚上位；体长为体高的3倍以上 ……………………… 鲌属 *Culter*

11（2）背鳍最后1根硬刺后缘具锯齿；下咽齿2行 …………… 似鳊属 *Toxabramis*

12（1）背鳍无硬刺 ………………………………………………… 飘鱼属 *Pseudolaubuca*

飘鱼属 *Pseudolaubuca* Bleeker，1865

Pseudolaubuca：Ned. Tijdschr. Dierk.（Bleeker，1865）

Type-species（模式种）: *Pseudolaubuca sinensis* Bleeker，1865.

Parapelecus：Ann. Mag. Nat. Hist.（Günther，1889）

Type-species（模式种）: *Parapelecus argenteus* Günther，1889.

体长形，侧扁；背部平直，自颊部至肛门有明显腹棱。头小，侧扁。吻较短。口中大，端位。无须。眼中大，侧中位。眼间隔呈弧形隆起。体被薄圆。侧线完全，在胸鳍上方急剧或徐缓向下弯。腹膜银白色。

本属产洪泽湖有2种。

种的检索表

1（2）侧线鳞60以上，侧线在胸鳍上方急剧向下弯折成明显角度；体极扁薄 ………………………………………………………………… 飘鱼 *P. sinensis*

2（1）侧线鳞60以下，侧线在胸鳍上方缓慢向下弯折成广弧形；体侧扁 ……………………………………………………………… 寡鳞飘鱼 *P. engraulis*

14 飘鱼 *Pseudolaubuca sinensis*（Bleeker）

地方名：马连刀、蓝刀皮、薄鳖

文献记载

Pseudolaubuca sinensis：Ned. Tijdschr. Dierk.（Bleeker，1865）。

Parapelecus nicholsi：Thèses Univ. Paris（Tchang，1930）。

Parapelecus machaerius：Contr. Boil. Lab. Sci. Soc. China（Miao，1934）。

银飘鱼 *Parapelecus argenteus*：（江苏省淡水水产研究所等，1987）。

银飘鱼 *Pseudolaubuca sinensis*：海洋湖沼研究文集（《洪泽湖渔业史》编写组，1990）；洪泽湖渔业史（王幼槐，1990）；上海鱼类志（南汇、嘉定、崇明等）；山东鱼类志（杨青，1997）。

银飘 *Pseudolaubuca sinensis*：洪泽湖（朱松泉、魏绍芬等，1993）。

飘鱼 *Pseudolaubuca sinensis*：中国动物志・硬骨鱼纲・鲤形目（罗云林等，1998）；太湖鱼类志（秦伟，2005）。

飘鱼 *Pseudolaubuca sinensis*

基本特征

体长形，甚侧扁，背部平直，腹部圆凸，从颊部至肛门具明显腹棱。头小，侧扁，头长小于体高。吻尖短，吻长大于眼径。口端位，斜裂，无须。体被小圆鳞。背鳍短，无硬刺。尾鳍深叉形，下叶略长于上叶。侧线完全，在胸鳍上方急剧向下弯折，沿腹侧下方延伸至臀鳍基后方上折，行于尾柄中央。杂食性，主要摄食鳘条、鲚鱼、鮈类等的幼鱼和水生昆虫、小虾、浮游动物、植物碎屑及藻类等。在洪泽湖中常见，为常见的小型经济鱼类。

实测特征

可数可量性状

测量标本数（尾）	3		
全长（mm）	/		
体长（标准长）（mm）	111.0～126.0		
头长（mm）	/		
体长/头长	4.6～5.0		
体长/体高	4.3～4.6	背鳍鳍条数	3，7
体长/尾柄长	/	臀鳍鳍条数	3，22～25
体长/尾柄高	/	胸鳍鳍条数	1，13
尾柄长/尾柄高	1.2～1.5	腹鳍鳍条数	1，8
头长/头高	/	侧线鳞数	62～74
头长/眼径	3.6～4.3	腹棱	完全

注：引自《太湖鱼类志》（倪勇和朱成德，2005）。

15 寡鳞飘鱼 *Pseudolaubuca engraulis*（Nichols）

地方名：飘鱼

文献记载

Hemiculterella engraulis：Am. Novit.（Nichols，1925）。

Parapelecus oligolepis：Contr. Biol. Lab. Sci. Soc. China（Miao，1934）。

寡鳞飘鱼 *Parapelecus engraulis*：海洋湖沼研究文集（王玉纲等，1986）；江苏淡水鱼类（江苏省淡水水产研究所等，1987）。

寡鳞飘鱼 *Pseudolaubuca engraulis*：长江鱼类（中国科学院水生生物研究所，1976）；洪泽湖渔业史（《洪泽湖渔业史》编写组，1990）；上海鱼类志（王幼槐，1990）；山东鱼类志（杨青，1997）；太湖鱼类志（秦伟，2005）。

寡鳞银飘 *Pseudolaubuca engraulis*：洪泽湖（朱松泉、魏绍芬等，1993）。

基本特征

体长，侧扁，背部较厚，腹部圆凸，从颊部至肛门有明显的腹棱。腹膜灰白色。体背侧为青褐色或青灰色，腹部银白色，各鳍淡黄色。头中大，侧扁，头大于体高

寡鳞飘鱼 *Pseudolaubuca engraulis*

（150mm以上个体头长小于体高），头背较平直。口端位，斜裂，口裂末端约伸达眼前缘的下方。无须。体被中等圆鳞，薄而易脱落。背鳍短，起点位于腹鳍的后上方，无硬刺，外缘平直，起点在前鳃盖骨后缘或眼后缘与尾鳍基之间。尾鳍深分叉。侧线完全。寡鳞飘鱼生活在水的中上层，常集群在水面游动。杂食性。主要摄食水生昆虫，甲壳动物及植物碎屑。为洪泽湖常见的小型鱼类。个体小，数量少，经济价值不大。分布于我国珠江、九龙江、长江和黄河等水系。

实测特征

可数可量性状

测量标本数（尾）	5		
全长（mm）	131.9～185.7		
体长（标准长）（mm）	110.0～161.8		
头长（mm）	24.0～37.3		
体长/头长	4.0～4.2		
体长/体高	4.3～5.0	背鳍鳍条数	3，7
体长/尾柄长	10.6～12.2	臀鳍鳍条数	3，17～18
体长/尾柄高	13.4～16.4	胸鳍鳍条数	1，13
尾柄长/尾柄高	1.5～1.8	腹鳍鳍条数	1，7
头长/头高	0.9～1.7	侧线鳞数	47～49
头长/眼径	4.6～4.9	腹棱	不完全

注：以上样品2023年采自洪泽湖。

似鳊属 *Toxabramis* Günther，1873

Taxabramis：Ann. Mag. Nat. Hist.（Günther，1873）

Type-species（模式种）： *Taxabramis swinhonis* Günther，1873.

体长，甚侧扁，腹部从胸鳍基部至肛门具明显的腹棱。头小，略尖。吻短。眼中大。口端位，斜裂。上下颌等长。无须。体被中大圆鳞。侧线完全。腹膜银白色。

本属产洪泽湖有1种。

16 似鱎 *Toxabramis swinhonis*（Günther）

地方名：板肖、风鳘

文献记载

Toxabramis swinhonis：Ann. Mag. Nat. Hist.（Günther，1873）。

似鱎 *Toxabramis swinhonis*：中国鲤科鱼类志（易伯鲁、吴清江，1964）；海洋湖沼研究文集（王玉纲等，1986）；江苏淡水鱼类（江苏省淡水水产研究所等，1987）；洪泽湖渔业史（《洪泽湖渔业史》编写组，1990）；上海鱼类志（王幼槐，1990）；浙江动物志·淡水鱼类（郑国生，1991）；洪泽湖（朱松泉、魏绍芬等，1993）；山东鱼类志（杨青，1997）；太湖鱼类志（秦伟，2005）。

似鱎 *Toxabramis swinhonis*

基本特征

体长，很侧扁，腹部自胸鳍基前方至肛门具完全腹棱。腹膜银白色，散布有稀小黑色小斑点。体背侧灰黑色，腹部银白色。尾鳍青灰色，其他各鳍淡灰色。固定标本体侧自头后至尾鳍基常具一暗色纵带。头短，较侧扁，头长显著小于体高。口中大，端位，斜裂。无须。体被中大圆鳞。侧线完全，在胸鳍上方急剧下弯，折成一明显角度，沿体侧下方直至臀鳍基部后方上折，伸至尾柄中央。背鳍末根不分支鳍条为硬刺，其后缘具明显锯齿。尾鳍深分叉。似鱎为敞水性小型鱼类，生活在水体中上层，在深水区越冬。性活泼，游泳迅速，喜集群于静水或缓流之处。在洪泽湖有一定种群数量，因个体小，产量不高，故在渔业上经济价值不大，出现在我国辽河、黄河、长江、钱塘江等水系。

实测特征

可数可量性状

测量标本数（尾）	15		
全长（mm）	123.3～176.1		
体长（标准长）（mm）	101.0～143.2		
头长（mm）	19.1～27.7		
体长/头长	4.9～5.5		
体长/体高	3.3～4.7	背鳍鳍条数	3，7
体长/尾柄长	9.7～14.8	臀鳍鳍条数	3，16～18
体长/尾柄高	10.3～13.6	胸鳍鳍条数	1，12
尾柄长/尾柄高	0.8～1.3	腹鳍鳍条数	1，7
头长/头高	1.3～1.6	侧线鳞数	54～58
头长/眼径	3.2～4.1	腹棱	完全

注：以上样品2023年采自洪泽湖。

𩷶属 *Hemiculter* Bleeker，1859

Hemiculter：Natuurk. Tijdschr. Ned. –Indie.（Bleeker，1859）

Type-species（模式种）： *Culter leucisculus* Basilewsky，1855.

Cultriculus：Ann. Carneg. Mus.（Oshima，1919）

Type-species（模式种）： *Culter leucisculus* Basilewski，1867＝*Hemiculter kneri* Warpachowski，1887.

Kendallia：Proc Calif. Acad. Sci.（Evermann and Shaw，1927）

Type-species（模式种）： *Kendallia goldsboroughi* Evermann et Shaw，1927.

Siniichthys：Bull. Mus. Nat. Hist. Natur.（Bãnãrescu，1970）

Type-species（模式种）： *Siniichthys brevirostris* Bãnãrescu，1970.

体长形，侧扁，背缘平直，腹部从胸鳍基部至肛门具腹棱。头侧扁，小而尖。吻较长。口端位，裂斜。上下颌约等长。鳞中大。侧线完全。尾鳍深叉形。鳃盖膜连于峡部。鳃耙短小。肛门靠近臀鳍前方。

本属产洪泽湖有2种。

种的检索表

1（2）侧线鳞48以上，侧线在胸鳍上方急剧向下弯折；腹膜灰黑色 ………………………………………… 𩷶 *H.leucisculus*

2（1）侧线鳞48以下，侧线在胸鳍上方平缓下弯；腹膜深黑色 ………………………………………… 贝氏𩷶 *H.bleekeri*

17 𩷶 *Hemiculter leucisculus*（Basilewsky）

地方名：𩷶条鱼、𩷶子

文献记载

Culter leucisculus：Nouv. Mem. Soc. Mosc.（Basilewsky，1855）；Zool. Thiel. Fische.（Kner，1867）。

Culter kneri：Verh. Akad. Amst.（Bleeker，1871）。

Cultriculus kneri：Mem. Asiat. Soc. Bengal（Fowler，1924）；Bull. Fan Mem. Inst. Biol.

(Shaw, 1930); J. Shanghai Sci. Inst. (Kimura, 1934)。

Hemiculter leucisculus: Science (Tchang, 1929); Thèses Univ. Paris (Tchang, 1930); Contr. Biol. Lab. Sci. Soc. China (Miao, 1934)。

白条 *Hemiculter leucisculus*：中国系统鲤类志（张春霖，1959）。

鳘条 *Hemiculter leucisculus*：长江鱼类（中国科学院水生生物研究所，1976）；海洋湖沼研究文集（王玉纲等，1986）；江苏淡水鱼类（江苏省淡水水产研究所等，1987）；洪泽湖渔业史（《洪泽湖渔业史》编写组，1990）；浙江动物志·淡水鱼类（郑国生，1991）。

鳘 *Hemiculter leucisculus*：上海鱼类志（曹正光，1990）；洪泽湖（朱松泉、魏绍芬等，1993）；山东鱼类志（杨青，1997）；太湖鱼类志（秦伟，2005）。

鳘 *Hemiculter leucisculus*

基本特征

体长，侧扁，自胸鳍基部至肛门具腹棱。腹膜灰黑色。体背部青灰色，腹侧银色。尾鳍边缘灰黑。头略尖，侧扁，头长短于体高。吻中长，吻长大于眼径。口端位，中大，斜裂。无须。体被中大圆鳞，薄而易脱落。侧线完全在胸鳍上方急剧向下弯曲，至胸鳍末端，与腹部平行，行于体之下半部，在臀鳍基部末端又折而向上，后延至尾柄正中。背鳍末根不分支鳍条为光滑的硬刺。尾鳍深叉形。生活于流水或静水的上层，为中上层鱼类。性活泼，喜集群，沿岸水面觅食。杂食性，幼鱼主要以枝角类、桡足类及水生昆虫为食，成鱼则以藻类、甲壳类、水生高等植物碎片、寡毛类、水生昆虫等为食。在流水或静水中都能生长、个体小，但数量较多，为洪泽湖常见的小型食用鱼类，故有一定的经济价值。分布于我国各江河、湖泊。

实测特征

可数可量性状

测量标本数（尾）	15		
全长（mm）	159.7～202.4		
体长（标准长）（mm）	108.8～174.3		
头长（mm）	24.5～33.7		
体长/头长	4.2～5.5		
体长/体高	3.8～4.6	背鳍鳍条数	3，7
体长/尾柄长	6.1～13.6	臀鳍鳍条数	3，10～14
体长/尾柄高	9.8～12.4	胸鳍鳍条数	1，12～13
尾柄长/尾柄高	0.9～2.0	腹鳍鳍条数	1，7～8
头长/头高	1.4～1.8	侧线鳞数	49～52
头长/眼径	3.3～4.4	腹棱	完全

注：以上样品2023年采自洪泽湖。

18 贝氏䱗 *Hemiculter bleekeri*（Warpachowski）

地方名：油䱗

文献记载

Hemiculter bleekeri：Bull. Acad. Imp. Sci. Petersb.（Warpachowski，1887）；Contr. Biol. Lab. Sci. Soc. China（Miao，1934）。

Hemiculter leucisculus：Contr. Biol. Lab. Sci. Soc. China（Tchang，1928）。

油䱗条 *Hemiculter bleekeri*：长江鱼类（中国科学院水生生物研究所，1976）；海洋湖沼研究文集（王玉纲等，1986）。

布氏餐条 *Hemiculter bleekeri*：江苏淡水鱼类（江苏省淡水水产研究所等，1987）。

油鳘 *Hemiculter bleekeri*：上海鱼类志（王幼槐，1990）。

贝氏鳘 *Hemiculter bleekeri*：浙江动物志·淡水鱼类（郑国生，1991）；太湖鱼类志（秦伟，2005）。

油鳘 *Hemiculter bleekeri*：洪泽湖（朱松泉、魏绍芬等，1993）；山东鱼类志（杨青，1997）。

贝氏鳘 *Hemiculter bleekeri*

基本特征

体长，侧扁，背腹略呈弧形，腹部自胸鳍基部直至肛门具明显腹棱。腹膜深黑色。背侧灰带有黄绿色，体侧和腹部银白色。各鳍均呈浅灰色。头稍尖，头长小于体高。口端位，裂斜，上下颌约等长，上颌骨末端伸达鼻孔的下方。无须。侧线完全，在胸鳍上方和缓下弯，以后与腹部轮廓平行，至臀鳍基部末端又折入尾柄正中。背鳍起点在腹鳍起点后上方，末根不分支鳍条为光滑的硬刺。臀鳍无硬刺，位于背鳍的后下方。贝氏鳘为中上层鱼类。喜集群，常栖息于浅水地带。杂食性，主要以水生昆虫、幼鱼、枝角类、桡足类及藻类为食，也食水生高等植物碎片等。为洪泽湖常见小型鱼类，个体较小，数量颇多，具有一定的经济价值。分布于我国平原地区各大江河、湖泊及池塘。

实测特征

可数可量性状

测量标本数（尾）	15		
全长（mm）	104.2～188.2		
体长（标准长）（mm）	83.6～156.4		
头长（mm）	16.4～29.7		
体长/头长	4.5～7.6		
体长/体高	4.2～5.4	背鳍鳍条数	3，7
体长/尾柄长	8.9～13.8	臀鳍鳍条数	3，10～14
体长/尾柄高	9.7～13.3	胸鳍鳍条数	1，12～13
尾柄长/尾柄高	1.5～1.8	腹鳍鳍条数	1，7～8
头长/头高	1.0～1.7	侧线鳞数	49～52
头长/眼径	2.5～4.4	腹棱	完全

注：以上样品2023年采自洪泽湖。

原鲌属 *Cultrichthys* Smith，1938

Cultrichthys：J. Wash. Acad. Sci.（Smith，1938）

Type-species（模式种）： *Culter brevicauda* Günther，1868＝*Culter erythropterus* Basilewsky，1855.

体延长，侧扁。腹部自胸鳍基至肛门有明显腹棱。头侧扁，头后背部明显隆起。吻短钝。口上位，口裂近垂直。无须。体被小圆鳞。侧线完全。背鳍末根不分支鳍条为硬刺。臀鳍无硬刺。尾鳍叉形。腹膜银白色。

本属产洪泽湖有1种。

19 红鳍原鲌 *Cultrichthys erythropterus*（Basilewsky）

地方名：黄尚鱼、红了、黄掌皮；中文异名：红鳍鲌

文献记载

Culter erythropterus：Nouv. Mem. Soc. Nat. Mosc.（Basilewsky，1855）；Thèses Univ.

Paris（Tchang，1930）。

Culter brevicauda：Cat. Fish. Br. Mus.（Günther，1868）；Proc. U. S. Nat. Mus.（Fowler and Bean，1920）；Mem. Asiat. Soc. Bengal（Fowler，1924）；Contr. Biol. Lab. Sci. Soc. China（Tchang，1928）；Science（Tchang，1929）；Thèses Univ. Paris（Tchang，1930）；Bull. Fan Mem. Inst. Biol.（Shaw，1930）；J. Shanghai Sci. Inst.（Kimura，1934）；Contr. Biol.Lab. Sci. Soc. China（Miao，1934）。

Culter recurviceps：Ark. Zool.（Rendahl，1928）。

短尾白鱼 *Culter alburnus*：中国系统鲤类志（张春霖，1959）。

红鳍鲌 *Culter erythropterus*：中国鲤科鱼类志（上卷）（易伯鲁、吴清江，1964）；长江鱼类（中国科学院水生生物研究所，1976）；海洋湖沼研究文集（王玉纲等，1986）；江苏淡水鱼类（江苏省淡水水产研究所等，1987）；洪泽湖渔业史（《洪泽湖渔业史》编写组，1990）；上海鱼类志（王幼槐，1990）；浙江动物志·淡水鱼类（郑国生，1991）；洪泽湖（朱松泉、魏绍芬等，1993）；山东鱼类志（杨青，1997）。

红鳍原鲌 *Cultrichthys erythropterus*：太湖鱼类志（秦伟，2005）。

红鳍原鲌 *Cultrichthys erythropterus*

基本特征

体长而侧扁，腹部自胸鳍基部下方至肛门有明显的腹棱。腹膜银灰色或灰黑色。体背侧青灰带蓝绿色，腹部银白色。体侧上部每个鳞片后缘有黑色小斑点。背鳍灰色。胸鳍淡黄色。尾鳍下叶和臀鳍橘红色。头中大，头部平直。侧扁。口小，上位。无须。鳃盖膜与峡部相连。体被中大圆鳞。侧线完全。背鳍短，第三根不分支鳍条为硬刺，边缘光滑，无锯齿。尾鳍深叉形，上叶短于下叶。红鳍原鲌为中上层鱼类，生活在静水和缓流中，喜栖息于水草茂盛的浅水区。肉食性，主要以虾、小鱼、水生昆虫为食，也食浮游动物及水生植物等。虽个体不大，但是在洪泽湖分布较多，为中小型经济鱼类，有一定经济价值。分布甚广，我国除西部高原地区外，其他各地江河、湖泊和水库等水域均产。

实测特征

可数可量性状

测量标本数（尾）	15		
全长（mm）	193.8～250.8		
体长（标准长）(mm)	162.8～208.3		
头长（mm）	26.9～48.3		
体长/头长	4.2～6.9		
体长/体高	3.3～4.6	背鳍鳍条数	3，7
体长/尾柄长	11.0～24.0	臀鳍鳍条数	3，24～29
体长/尾柄高	10.0～12.5	胸鳍鳍条数	1，14～16
尾柄长/尾柄高	0.4～1.0	腹鳍鳍条数	1，8
头长/头高	1.1～1.6	侧线鳞数	59～69
头长/眼径	2.9～5.1	腹棱	完全

注：以上样品2023年采自洪泽湖。

鲌属 *Culter* Basilcwsky，1855

Culter：Nouv. Mem. Soc. Nat. Mosc.（Basilewsky，1855）

Type-species（模式种）: *Culter alburnus* Basilewsky，1855.

Erythroculter：Mem. Acad. Sci. St. Petersb.（Berg，1909）

Type-species（模式种）: *Culter erythropterus* Basilewsky，1855 = *Culter alburnus* Basilewsky，1855.

体长形，侧扁。腹部自腹鳍基部至肛门之间具有腹棱。头中大。吻较长，侧扁。眼较大。口端位、亚上位或上位，口裂斜或垂直。无须。体被较小圆鳞。侧线完全，约位于体侧中轴。侧线完全，无显著弯折。尾鳍深叉形。

本属产洪泽湖有3种。

种的检索表

1（2）口上位；口裂几与体垂直 ………………………………… 翘嘴鲌 *C. alburnus*

2（1）口端位或亚上位；口裂斜

3（4）口端位；臀鳍分支鳍条17～21；尾鳍橘红色 ……… 蒙古鲌 *C. mongolicus*

4（3）口亚上位；臀鳍分支鳍条23～29；尾鳍青灰色 ………… 达氏鲌 *C. dabryi*

20 翘嘴鲌 *Culter alburnus*（Basilewsky）

地方名：白鱼、翘嘴白丝、大白鱼、白丝

文献记载

Culter alburnus：Nouv. Mem. Soc. Nat. Mosc.（Basilewsky，1855）；Zool. Theil，Fische.（Kner，1867）。

Culter hypselonotus：Mem. Asiat. Soc. Bengal（Fowler，1924）。

Culter erythropterus：Contr. Biol. Lab. Sci，Soc. China（张春霖，1928）；Science（Tchang，1929）；Bull. Fan. Mem. Inst. Biol.（寿振黄，1930）；Contr. Biol. Lab. Sci. Soc. China（Miao，1934）。

红鳍白鱼 *Culter erythropterus*：中国系统鲤类志（张春霖，1959）。

翘嘴红鲌 *Erythroculter ilishaeformis*：长江鱼类（中国科学院水生生物研究所，1976）；海洋湖沼研究文集（王玉纲等，1986）；江苏省淡水鱼类（江苏省淡水水产研究

翘嘴鲌 *Culter alburnus*

所等，1987）；洪泽湖渔业史（《洪泽湖渔业史》编写组，1990）；上海鱼类志（曹正光，1990）；洪泽湖（朱松泉、魏绍芬等，1993）；山东鱼类志（杨青，1997）。

翘嘴鲌 *Culter alburnus*：中国有毒及药用鱼类新志（伍汉霖等，2002）；太湖鱼类志（秦伟，2005）。

基本特征

体延长，侧扁。背缘较平直，腹部在腹鳍基部至肛门具明显腹棱，尾柄较长。腹膜银白色。体背侧灰褐色，腹侧银白色，各鳍呈深灰色。头中大，侧扁，头背面几乎呈平直，头后背部略隆起。头长一般小于体高。吻钝，吻长大于眼径。眼大，侧上位，眼后缘至吻端的距离稍小于眼后头长。眼间较窄，眼间距大于眼径，约等于吻长。口大，侧上位。无须。体被小圆鳞。侧线完全；前部浅弧形下弯，后部平直。背鳍末根不分支鳍条为光滑的硬刺。尾鳍深叉，下叶长于上叶。翘嘴鲌为中、上层凶猛肉食性鱼类，成鱼主要以鱼类（如鳑鲏类、鮈类、鲌类等）为食。幼鱼以水生昆虫、虾、枝角类、桡足类及软体动物等为食。翘嘴鲌为洪泽湖主要经济鱼类之一。分布于我国各水系。

实测特征

可数可量性状

测量标本数（尾）	15		
全长（mm）	185.7～452.9		
体长（标准长）（mm）	147.6～377.0		
头长（mm）	33.6～89.5		
体长/头长	4.2～4.7		
体长/体高	3.9～4.5	背鳍鳍条数	3，7
体长/尾柄长	9.1～16.2	臀鳍鳍条数	3，21～24
体长/尾柄高	11.4～13.4	胸鳍鳍条数	1，14～16
尾柄长/尾柄高	0.7～1.3	腹鳍鳍条数	1，8
头长/头高	1.4～1.8	侧线鳞数	80～92
头长/眼径	3.9～5.5	腹棱	不完全

注：以上样品2023年采自洪泽湖。

21 蒙古鲌 *Culter mongolicus*（Basilewsky）

地方名：红了、红尾

文献记载

Leptocephalus mongolicus：Nouv. Mem. Soc. Nat. Mosc.（Basilewsky，1855）。

Chanodichthys mongolicus：Science（Tchang（张春霖），1929）；Thèses Univ. Paris（Tchang，1930）。

Culter mongolicus：Bull. Fan Mem. Inst. Biol.（Shaw（寿振黄），1930）。

Culter kashinensis：Bull. Fan Mem. Inst. Biol.（Shaw，1930）；ibid.（Shaw，1930）。

蒙古白鱼 *Culter mongolicus*：中国系统鲤类志（张春霖，1959）。

蒙古红鲌 *Erythoculter mongolicus*：长江鱼类（中国科学院水生生物研究所，1976）；海洋湖沼研究文集（王玉纲等，1986）；江苏淡水鱼类（江苏淡水水产研究所等，1987）；洪泽湖渔业史（《洪泽湖渔业史》编写组，1990）；上海鱼类志（曹正光，1990）；浙江动物志·淡水鱼类（郑国生，1991）；洪泽湖（朱松泉、魏绍芬等，1993）；山东鱼类志（杨青，1997）。

蒙古鲌 *Culter mongolicus mongolicus*：水生生物学报（罗云林，1994）；中国动物志·硬骨鱼纲·鲤形目（中卷）（罗云林等，1998）。

蒙古鲌 *Culter mongolicus*：太湖鱼类志（秦伟，2005）。

蒙古鲌 *Culter mongolicus*

基本特征

体延长而侧扁，头后背部略隆起，腹部圆，腹鳍基至肛门间具腹棱，尾柄较长。腹膜银白色。体背侧浅褐色，腹部银白色。背鳍灰褐色，胸鳍、腹鳍和臀鳍淡黄色，尾鳍上叶橘黄色，下叶鲜红色。头中大，近锥形，头部背面较平坦，侧扁，头长一般大于体高。口大，端位，裂斜。下颌突出，略长于上颌；上颌骨末端伸达鼻孔下方。无须。体被较小圆鳞。侧线完全，稍下弯。背鳍短，末根不分支鳍条为后缘光滑硬刺，其长度短于头长。尾鳍深分叉，上叶稍长，末端尖形。蒙古鲌喜栖息于水域中上层，性活泼，游泳迅速，集群生活，性凶猛。随个体的长大食性有明显差异；蒙古鲌生长速度较快，在洪泽湖中有一定产量，为常见食用鱼类。常见于我国各水系。

实测特征

可数可量性状

测量标本数（尾）	5		
全长（mm）	250.8～509.9		
体长（标准长）（mm）	209.9～441.9		
头长（mm）	50.7～91.2		
体长/头长	3.9～5.2		
体长/体高	3.6～4.0	背鳍鳍条数	3，7
体长/尾柄长	9.3～16.5	臀鳍鳍条数	3，18～21
体长/尾柄高	10.5～11.7	胸鳍鳍条数	1，14～16
尾柄长/尾柄高	0.7～1.2	腹鳍鳍条数	1，8
头长/头高	1.5～2.1	侧线鳞数	69～79
头长/眼径	4.7～7.5	腹棱	不完全

注：以上样品2023年采自洪泽湖。

22 达氏鲌 *Culter dabryi*（Bleeker）

地方名：白鱼、青梢

文献记载

Culter dabryi：Verh. Akad. Amst.（Bleeker，1871）；Contr. Biol. Lab. Sci. Soc. China（Miao，1934）。

Culter recurviceps：Contr. Biol. Lab. Sci. Soc. China（Tchang，1928）；Science（Tchang，1929）；Thèses Univ. Paris.（Tchang，1930）。

青梢红鲌 *Erythroculter dabryi*：海洋湖沼研究文集（王玉纲等，1986）；上海鱼类志（王幼槐，1990）；山东鱼类志（杨青，1997）。

达氏红鲌 *Erythroculter dabryi*：江苏淡水鱼类（江苏省淡水水产研究所等，1987）。

戴氏红鲌 *Erythroculer dabryi*：洪泽湖渔业史（《洪泽湖渔业史》编写组，1990）；浙江动物志·淡水鱼类（郑国生，1991）；洪泽湖（朱松泉、魏绍芬等，1993）。

达氏鲌 *Culter dabryi dabryi*：水生生物学报（罗云林，1994）；中国动物志·硬骨鱼类·鲤形目（中卷）（罗云林等，1998）；太湖鱼类志（秦伟，2005）。

达氏鲌 *Culter dabryi*

基本特征

体长形，侧扁，腹部自腹鳍基至肛门具明显腹棱，尾柄较短。头中大，略尖，侧扁。体背侧深灰色或青灰色，腹部银白色。各鳍均呈青灰黑色。腹膜银白色。吻钝，吻长大于眼径。眼较大，上侧位。口亚上位，斜裂。无须。体被中大圆鳞。侧线完全，前部微下弯，后部平直。背鳍末根不分支鳍条为强大而光滑硬刺，其长小于头长。臀鳍无硬刺，位于背鳍基的后下方。尾鳍深叉形，下叶略长于上叶。喜栖息于湖泊水域的中上层，常集群于水草丛生的近岸湖湾中。为凶猛肉食性鱼类。随个体大小的差异而食物组成有所不同：在幼鱼阶段以浮游动物、水生昆虫及虾等为食；成鱼则主要食鲚鱼、银鱼等小鱼及虾、水生昆虫等。为洪泽湖食用鱼类之一。分布于我国黑龙江、辽河、黄河、淮河、长江、钱塘江、闽江、珠江等水系及其附属湖泊。

实测特征

可数可量性状

测量标本数（尾）	11		
全长（mm）	222.8～424.1		
体长（标准长）（mm）	188.4～354.5		
头长（mm）	42.8～81.4		
体长/头长	4.0～4.6		
体长/体高	3.1～4.1	背鳍鳍条数	3，7
体长/尾柄长	11.5～18.9	臀鳍鳍条数	3，25～29
体长/尾柄高	9.6～13.2	胸鳍鳍条数	1，13～15
尾柄长/尾柄高	0.5～6.7	腹鳍鳍条数	1，8
头长/头高	1.4～1.9	侧线鳞数	64～70
头长/眼径	4.2～6.8	腹棱	不完全

注：以上样品2023年采自洪泽湖。

鳊属 *Parabramis* Bleeker，1865

Parabramis：Ned. Tijdschr. Dierk.（Bleeker，1865）

Type-species（模式种）： *Abramis pekinensis* Basilewsky，1855.

体高而侧扁，略呈长菱形。腹部自胸鳍下方至肛门间有明显腹棱。头小，侧扁，头后背部隆起。吻短。眼间隔较宽。口端位，斜裂。无须。体被中大圆鳞。侧线完全，近平直，约位于体侧中央。背鳍末根不分支鳍条为硬刺，边缘光滑，无锯齿。尾鳍深叉。腹膜灰黑色。

本属产洪泽湖有1种。

23 鳊 *Parabramis pekinensis*（Basilewsky）

地方名：鳊鱼、长春

文献记载

Abramis pekinensis：Nouv. Mem. Soc. Nat. Mosc.（Basilewsky，1855）；Thèses Univ. Paris（Tchang，1930）。

Parabramis pekinensis：Proc. Calif. Acad. Sci（Evermann and Shaw，1927）；Lingnan Sci. J.（Lin，1934）。

Chanodichthys stenzii：Zool. Anz.（Popta，1908）。

Chanodinchthys bramula：Mem. Asiat. Soc. Bengal（Fowler，1924）；Bull. Fan Mem. Inst. Biol.（Shaw，1930）。

Parabramis bramula：Ark. Zool.（Rendahl，1928）；Contr. Biol. Lab. Sci. Soc. China（Miao，1934）；J. Shanghai Sci. Inst.（Kimura，1934）。

Chanodichthys pekinensis：Contr. Biol. Lab. Sci. Soc. China（Tchang，1928）；Science（Tchang，1929）。

鳊 *Parabramis bramula*：中国系统鲤类志（张春霖，1959）。

鳊 *Parabramis pekinensis*

长春鳊 *Parabramis pekinensis*：长江鱼类（中国科学院水生生物研究所，1976）；江苏淡水鱼类（江苏省淡水水产研究所等，1987）；洪泽湖渔业史（《洪泽湖渔业史》编写组，1990）；洪泽湖（朱松泉、魏绍芬等，1993）。

鳊 *Parabramis pekinensis*：上海鱼类志（王幼槐，1990）；山东鱼类志（杨青，1997）；太湖鱼类志（秦伟，2005）。

基本特征

体高而侧扁，略呈长菱形。腹棱完全，尾柄宽短。体背青灰色，体侧和腹部银白色，各鳍灰白色并镶有黑色边缘。头小，侧扁，头长远较体高为小，头后背部急剧隆起。口小，端位，斜裂，上颌长于下颌，并有角质物。上颌骨伸达鼻孔前缘的下方。无须。体被中大圆鳞，背、腹部鳞较体小。侧线完全，近平直，约位于体侧中央，向后伸达尾鳍基。背鳍末根不分支鳍条为较强硬刺，边缘光滑，无锯齿。尾鳍深分叉。肛门靠近臀鳍。鳊为中下层鱼类，喜栖于多水草水体的流水或静水中下层，在深水处越冬。草食性，幼鱼以浮游藻类和浮游动物为主要食物，成鱼以水生植物为食，也以浮游生物、水生昆虫等为食。生长较快。鳊为洪泽湖常见的食用鱼类，分布于我国平原地区各江河、湖泊、水库。

实测特征

可数可量性状

测量标本数（尾）	15		
全长（mm）	208.5～294.7		
体长（标准长）（mm）	170.2～242.5		
头长（mm）	35.4～52.4		
体长/头长	4.3～5.4		
体长/体高	2.8～3.4	背鳍鳍条数	3，7
体长/尾柄长	12.8～27.4	臀鳍鳍条数	3，28～34
体长/尾柄高	10.2～13.2	胸鳍鳍条数	1，16～18
尾柄长/尾柄高	0.4～1.0	腹鳍鳍条数	1，8
头长/头高	1.2～1.6	侧线鳞数	54～58
头长/眼径	3.4～4.1	腹棱	完全

注：以上样品2023年采自洪泽湖。

鲂属 *Megalobrama* Dybowsky，1872

Megalobrama：Verh. Zool. –bot. Ges. Wien.（Dybowsky，1872）

Type-species（模式种）: *Megalobrama skolkovii* Dybowsky，1872.

Parosteobrama：Bull. Soc. Zool. Fr.（Tchang，1930）

Type-species（模式种）: *Parosteobrama pellegrini* Tchang，1930.

体侧扁而高，呈菱形。腹棱不完全。头小，侧扁。吻短。眼中大，侧中位。眼间隔宽而平坦或稍隆起。口端位，斜裂，上下颌等长。侧线完全，呈浅弧形。尾鳍深分叉。鳃盖膜与峡部相连。腹膜灰黑色或银灰色。

本属产洪泽湖有2种。

种的检索表

1（2）背鳍刺长长于头长；口裂较狭，头宽为口宽的2倍以上；尾柄长大于尾柄高；眶上骨厚而大，呈长方形 ………………………………… 鲂 *M.skolkovii*

2（1）背鳍刺长短于头长；口裂宽，头宽为口宽的2倍以下；尾柄长小于尾柄高；眶上骨薄而小，三角形 ……………………………… 团头鲂 *M.amblycephala*

24 鲂 *Megalobrama skolkovii*（Dybowsky）

地方名：鳊鱼、三角鳊

文献记载

Megalobrama skolkovii：Verh. Zool. –bot. Ges. Wien.（Dybowsky，1872）。

Parabramis terminalis：Zool. Sinica（Tchang，1933）；西湖鱼类志（Chu，1932）；Contr. Biol. Lab. Sci. Soc. China（Miao，1934）。

Parabramis（*Megalobrama*）*terminalis*：J. Shanghai Sci. Inst.（Kimura，1934）。

鲂 *Parabramis terminalis*（部分）：中国系统鲤类志（张春霖，1959）；上海鱼类志（王幼槐，1990）；山东鱼类志（杨青，1997）。

三角鲂 *Megalobrama terminalis*：长江鱼类（中国科学院水生生物研究所，1976）；海洋湖沼研究文集（王玉纲等，1986）；江苏淡水鱼类（江苏省淡水水产研究所等，1987）；洪泽湖渔业史（《洪泽湖渔业史》编写组，1990）；洪泽湖（朱松泉、魏绍芬等，1993）。

鲂 *Megalobrama skolkovii*：水生生物学报（罗云林，1990）；中国动物志·硬骨鱼纲·鲤形目（罗云林等，1998）；太湖鱼类志（秦伟，2005）。

鲂 *Megalobrama skolkovii*

基本特征

体高而侧扁，呈菱形，头后背部隆起，背鳍起点为体最高处，腹部在腹鳍基部至肛门间有明显腹棱，尾柄较短。腹膜银灰色。体呈灰黑色，腹侧银灰色。体侧鳞片中间浅色，边缘灰黑色。各鳍灰黑色。头小，侧扁，头长小于体高。眼中大，侧中位，眼后头长短于眼后缘至吻端的距离。上眶骨发达，厚而呈长方形。口小，端位，呈马蹄形。两颌具坚硬的角质，口裂较窄。体被中等圆鳞。侧线完全，中部浅弧形下弯，向后伸达尾鳍基。背鳍第三不分支鳍条为硬刺，刺粗壮光滑而长。胸鳍尖形，末端伸达或不伸达腹鳍起点。尾鳍深叉。在洪泽湖数量较少；分布于我国黑龙江、鸭绿江、辽河、黄河、长江、闽江等河流及其附属湖泊。

实测特征

可数可量性状

测量标本数（尾）	3		
全长（mm）	351.7～405.8		
体长（标准长）（mm）	283.3～348.1		
头长（mm）	49.2～62.6		
体长/头长	5.2～5.8		

（续）

体长/体高	2.2～2.3	背鳍鳍条数	3，7
体长/尾柄长	11.7～20.8	臀鳍鳍条数	3，29
体长/尾柄高	7.5～8.1	胸鳍鳍条数	1，15～17
尾柄长/尾柄高	0.4～0.7	腹鳍鳍条数	1，8
头长/头高	1.1～1.2	侧线鳞数	54～58
头长/眼径	4.1～4.7	腹棱	不完全

注：以上样品2023年采自洪泽湖。

25 团头鲂 *Megalobrama amblycephala*（Yih）

地方名：武昌鱼、团头鳊

文献记载

Megalobrama amblycephala：水生生物学集刊（Yih，1955）。

团头鲂 *Megalobrama amblycephala*：海洋湖沼研究文集（王玉纲等，1986）；江苏淡水鱼类（江苏省淡水水产研究所等，1987）；上海鱼类志（姚根娣，1990）；洪泽湖渔业史（《洪泽湖渔业史》编写组，1990）；浙江动物志·淡水鱼类（郑国生，1991）；洪泽湖（朱松泉、魏绍芬等，1993）；山东鱼类志（杨青，1997）；中国有毒及药用鱼类新志（伍汉霖等，2002）；太湖鱼类志（秦伟，2005）。

团头鲂 *Megalobrama amblycephala*

基本特征

体侧扁而高，呈菱形，胸部平直，腹部在腹鳍起点至肛门具腹棱，尾柄宽短，头后背部隆起。腹膜灰黑色。体灰黑色。体侧鳞片基部浅灰黑色，边缘较浅，两侧灰黑色，在体侧各纵行鳞形成数行浅灰黑色纵纹。各鳍黑灰色。头小，锥形，侧扁，头长小于体高。吻短钝。口宽，端位，呈弧形。无须。鳃孔向前至前鳃盖骨后缘稍前的下方。鳃盖膜连于峡部。体被中大圆鳞，背、腹部鳞较体侧为小。侧线完全，较平直，中部浅弧形。背鳍末根不分支鳍条为强大而光滑硬刺。尾鳍深分叉，下叶较上叶稍长。团头鲂喜生活在湖泊有沉水植物的敞水区域中下层。性温和，草食性。幼鱼期主要以枝角类、甲壳动物为食，也食少量水生植物的嫩叶。成鱼主要以水生植物为主食，也食少量的浮游动物。团头鲂为上等食用鱼类。团头鲂鱼胆有毒。江苏各地均有分布和养殖；也常见于我国长江中下游及其附属湖泊。

实测特征

可数可量性状

测量标本数（尾）	3		
全长（mm）	/		
体长（标准长）(mm)	145.0～163.5		
体长/头长	3.9～4.9	背鳍鳍条数	3，7
体长/体高	2.0～2.4	臀鳍鳍条数	3，25～28
体长/尾柄长	/	胸鳍鳍条数	1，13～16
体长/尾柄高	/	腹鳍鳍条数	1，8
尾柄长/尾柄高	0.7～0.9	侧线鳞数	49～58
头长/眼径	3.8～4.7	腹棱	不完全

注：引自《太湖鱼类志》(倪勇和朱成德，2005)。

鲴亚科
Xenocyprinae

体延长，侧扁，腹部稍圆，腹鳍与肛门间腹棱有或无。头小，锥形。吻圆钝。眼中大。口小，下位、亚下位或亚前位（似鲴属），一般呈横裂。下颌前缘具锐利的角质缘。无须。眼中大。鳃盖膜与峡部相连。腹膜黑色。

本亚科产江苏省有2属。

属的检索表

1（2）下咽齿3行；鳃耙60以下 …………………………………… 鲴属 *Xenocypris*
2（1）下咽齿1行；鳃耙一般60以上 ………………………… 似编属 *Pseudobrama*

鲴属 *Xenocypris* Günther，1868

Xenocypris：Cat. Fish. Br. Mus.（Günther，1868）

Type-species（模式种）：*Xenocypris argentea* Günther，1868.

Plagiognathus：Verh. Zool. -bot. Ges. Wien.（Dybowski，1872）

Type-species（模式种）：*Plagiognathus jelskii* Dybowski，1872＝*Xenocypris microlepis* Bleeker，1871.

Plagiognathops：Ann. Mus. Zool. Acad. Sci. St. Petersb.（Berg，1907）。

Type-species（模式种）：*Plagiognathus jelskii* Dybowski，1872＝*Xenocypris microlepis* Bleeker，1871.

体长而侧扁。头小，呈锥形。吻圆钝。口下位，横裂。下颌前缘有锋利的角质。无须。鳃盖膜连于峡部。侧线完全。鳞中大。肛门至腹鳍基间有或长或短的腹棱，或无腹棱。鳃耙呈扁、薄的三角形，排列紧密。腹膜黑色。

本属洪泽湖产有3种。

种的检索表

1（4）侧线鳞少于70；腹棱短，其长度不到腹鳍基到肛门距离的1/2
2（3）鳃耙36～45；侧线鳞57～63；体长为体高的3.7～4.2倍；新鲜标本鳃盖膜后缘有橘黄色斑，尾鳍灰黑色 ……………………………… 银鲴 *X. argentea*
3（2）鳃耙44～52；侧线鳞62～68；体长为体高的3.2～3.7倍；新鲜标本鳃盖上有黄色斑，尾鳍黄色 ………………………………………… 黄尾鲴 *X. davidi*
4（1）侧线鳞多于70；腹棱长，其长度超过腹鳍基到肛门距离的1/2 ……………………………………………………………… 细鳞鲴 *X. microlepis*

26 银鲴 *Xenocypris argentea* (Günther)

地方名：密鲴

文献记载

Xenocypris argentea：Cat. Fish. Br. Mus.（Günther，1868）；Ark. Zool.（Rendahl，1928）；Contr. Biol. Lab. Sci. Soc. China（Tchang，1928）；Science（Tchang，1929）；Thèses Univ. Paris.（Tchang，1930）；Contr. Biol. Lab. Sci. Soc. China（Miao，1934）；J. Shanghai Sci. Inst.（Kimura，1934）。

Xenocypris lamperti：Zool. Anz.（Popta，1908）。

Xenocypris nankinensis：Thèses Univ. Paris（Tchang，1930）；Zool. Sinica（Tchang，1933）。

银鲴 *Xenocypris argentea*：长江鱼类（中国科学院水生生物研究所，1976）；江苏淡水鱼类（江苏省淡水水产研究所等，1987）；洪泽湖渔业史（《洪泽湖渔业史》编写组，1990）；上海鱼类志（王幼槐，1990）；洪泽湖（朱松泉、魏绍芬等，1993）；山东鱼类志（杨青，1997）；太湖鱼类志（秦伟，2005）。

银鲴 *Xenocypris argentea*

基本特征

体延长而侧扁，腹部圆，腹部无腹棱，或仅在肛门前有一段不明显的腹棱，其长约为肛门与腹鳍基间距的1/5。体背部及体侧上半部青灰色，腹部银白色。鳃盖骨后缘有一深的橘黄色斑块，胸鳍、腹鳍和臀鳍部分呈淡黄色，背鳍、尾鳍深灰色。腹膜黑色。头小，锥形，吻钝，吻长稍大于眼径。口小，亚下位，口裂稍呈弧形，呈薄锋状。口角无须。体被小圆鳞；侧线完全，前部下弯，后伸入尾柄中央。背鳍具光滑硬刺，末端柔软分节，后缘光滑。尾鳍深分叉。为底层生活的鱼类，栖息于湖泊水流平缓的湖湾或石滩浅水地带，常以下颌的角质边缘在水底岩石或其他物上刮取食物，主要食物为藻类，如硅藻、丝状藻、颤藻，也食高等植物碎屑和浮游动物，如小型甲壳类、象鼻蚤等。银鲴生长速度较快，为洪泽湖常见食用鱼类之一，有一定经济价值，常见于我国各大水系及其附属湖泊。

实测特征

可数可量性状

测量标本数（尾）	4		
全长（mm）	/		
体长（标准长）（mm）	87.2～126.4		
头长（mm）	/		
体长/头长	4.3～5.2	背鳍鳍条数	3，7
体长/体高	3.6～4.0	臀鳍鳍条数	3，8～9
体长/尾柄长	/	胸鳍鳍条数	1，15～16
体长/尾柄高	/	腹鳍鳍条数	1，8
尾柄长/尾柄高	1.1～1.4	侧线鳞数	54～60
头长/眼径	3.8～4.5	腹棱	不完全

注：引自《太湖鱼类志》（倪勇和朱成德，2005）。

27 细鳞鲴 *Xenocypris microlepis*（Bleeker）

地方名：黄长皮

文献记载

Xenocypris microlepis：Verh. Akad. Amst.（Bleeker，1871）。

Xenocypris macrolepis：Contr. Biol. Lab. Sci. Soc. China（Tchang，1928）；Science（Cang，1929）。

大鳞鲴 *Xenocypris macrolepis*：中国系统鲤类志（张春霖，1959）。

细鳞斜颌鲴 *Plagiognathops microlepis*：海洋湖沼研究文集（王玉纲等，1986）；江苏淡水鱼类（江苏省淡水水产研究所等，1987）；浙江动物志·淡水鱼类（毛节荣，1991）。

细鳞斜颌鲴 *Xenocypris microlepis*：上海鱼类志（曹正光,1990）；山东鱼类志（杨青，1997）。

细鳞鲴 *Xenocypris microlepis*：太湖鱼类志（秦伟，2005）。

细鳞鲴 *Xenocypris microlepis*

基本特征

体延长，稍厚，背鳍起点处较高。背部青灰蓝色，腹侧银白色。背鳍灰色；臀鳍淡黄色；尾鳍橘黄色，尾鳍上叶尖，下叶顶端圆钝，后缘黑色，偶鳍灰白色。腹膜黑色。腹部前部圆，腹鳍基部至肛门间有腹棱，腹棱长为肛门至腹鳍基距的3/4。头小，锥形。口小，下位，成弧形，下颌角质边缘较为发达。口角无须。鳃盖膜连于峡部。体被细小圆鳞。侧线完全，侧线前端向腹部微弯，向后延伸到尾柄正中。背鳍具光滑硬刺，刺长大于头长。尾鳍呈深叉状。喜栖息在水的中下层，在产卵期间常集群溯水而上。主要以下颌发达的角质边缘刮食岩石和底泥的固着藻类，亦食水生高等植物，丝状藻、水生昆虫、枝角类、桡足类、摇蚊幼虫、小型鱼类幼体和其他水中腐殖质。江苏省长江段及太湖流域均有分布；也见于我国黑龙江、黄河、长江、珠江及东南沿海各水系。

实测特征

可数可量性状

测量标本数（尾）	6		
全长（mm）	/		
体长（标准长）（mm）	63.2～137.4		
头长（mm）	/		
体长/头长	4.8～5.2	背鳍鳍条数	3，7
体长/体高	3.1～3.6	臀鳍鳍条数	3，11
体长/尾柄长	/	胸鳍鳍条数	1，14～16
尾柄长/尾柄高	1.0～1.5	腹鳍鳍条数	1，8
头长/眼径	4.3～4.5	侧线鳞数	76～78
腹棱	肛门至腹鳍基距的3/4		

注：引自《太湖鱼类志》（倪勇和朱成德，2005）。

28 黄尾鲴 *Xenocypris davidi*（Bleeker）

地方名：黄叉、黄姑子、黄尾

文献记载

Xenocypris davidi：Verh. Akad. Amst.（Bleeker，1871）。

达氏鲴 *Xenocypris davidi*：中国系统鲤类志（张春霖，1959）。

黄尾鲴 *Xenocypris davidi*：长江鱼类（中国科学院水生生物研究所，1976）；江苏淡水鱼类（江苏省淡水水产研究所等，1987）；上海鱼类志（王幼槐，1990）；山东鱼类志（杨青，1997）；太湖鱼类志（秦伟，2005）。

黄尾密鲴 *Xenocypris davidi*：海洋湖沼研究文集（王玉纲等，1986）。

黄尾鲴 Xenocypris davidi

基本特征

体延长，稍侧扁，腹部圆，仅肛门前有一短而不明显的腹棱，背部灰黑色，腹部侧银白色。鳃盖骨后缘有一浅黄色斑条，尾鳍橘黄色。头小，呈圆锥形。吻钝，吻长大于眼径。眼中大，上侧位，距吻端较近，眼后头长大于吻长。口小，下位，口裂稍呈弧形，下颌有较发达的角质边缘。口角无须。鳃盖膜连于峡部。体被小圆鳞。侧线完全，前部稍下弯，后部行于尾柄正中。背鳍具光滑硬刺，其起点至吻端的距离小于至尾鳍基的距离。尾鳍叉形。黄尾鲴为底层鱼类，喜栖息于较宽阔的水域中，以下颌的角质缘刮取食物。食物以高等植物碎屑、硅藻和丝状藻类为主，其次是甲壳动物和水生昆虫等。属常见的中小型食用鱼类，也常见于我国黄河、长江、珠江等东海沿海各水系。

实测特征

可数可量性状

测量标本数（尾）	3		
全长（mm）	/		
体长（标准长）（mm）	125.7～192.0		
头长（mm）	/		
体长/头长	4.5～4.1		
体长/体高	3.2～3.5	背鳍鳍条数	3，7
体长/尾柄长	/	臀鳍鳍条数	3，9
体长/尾柄高	/	胸鳍鳍条数	1，15～16
尾柄长/尾柄高	1.0～1.2	腹鳍鳍条数	1，8
头长/头高	3.9～4.4	侧线鳞数	63～65
头长/眼径	/	腹棱	不完全

注：引自《太湖鱼类志》（倪勇和朱成德，2005）。

似鳊属 *Pseudobrama* Bleeker，1870

Pseudobrama：Verh.Akad. Amst.（Bleeker，1870）

Type-species（模式种）: *Pseudobrama dumerili* Bleeker，1871.

体侧扁，背部高，腹鳍基前腹部较圆，肛门至腹鳍基之间有完全的腹棱。吻钝。眼较大，侧位。口较小，近下位，口裂弧形。无须。体被中等大圆鳞。侧线完全，前部下弯。腹膜黑色。

本属产洪泽湖有1种。

29 似鳊 *Pseudobrama simoni*（Bleeker）

地方名：黄吉子、逆鱼

文献记载

Acanthobrama simoni：Ned. Tijdschr. Dierk.（Bleeker，1864）。

Culticula tchangi：Bull. Fan Mem. Inst. Biol.（Shaw，1930）。

Pseudobrama dumerili：Contr. Biol. Lab. Sci. Soc. China（Miao，1934）。

棘鳊 *Acanthobrama simoni*：中国系统鲤类志（张春霖，1959）。

张氏刀柄鱼 *Culticula tchangi*：中国系统鲤类志（张春霖，1959）。

似鳊 *Pseudobrama simoni*

逆鱼 *Acanthobrama simoni*：长江鱼类（中国科学院水生生物研究所，1976）；海洋湖沼研究文集（王玉纲等，1986）；江苏淡水鱼类（江苏省淡水水产研究所等，1987）；洪泽湖渔业史（《洪泽湖渔业史》编写组，1990）；浙江动物志·淡水鱼类（毛节荣，1991）。

似鳊 *Pseudobrama simoni*：上海鱼类志（王幼槐，1990）；洪泽湖（朱松泉、魏绍芬等，1993）；山东鱼类志（杨青，1997）；中国动物志·硬骨鱼纲·鲤形目（刘焕章等，1998）；太湖鱼类志（秦伟，2005）。

基本特征

体侧扁，头后背部稍隆起，腹部前部圆。体背部青灰色，腹侧银白色；背鳍、臀鳍和尾鳍浅灰，胸鳍和腹鳍呈浅黄色。头短。吻圆钝。口小，下位，稍呈横裂，唇较薄，下颌角质边缘不及其他几种鲴类鱼的发达。口角无须。眼较大，上侧位，眼径与吻长几乎相等。眼间隔宽凸。体被较大圆鳞，腹鳍侧线完全，较直，前端微向下弯，后伸至尾柄正中。背鳍具光滑硬刺，背鳍起点距吻端比距尾鳍基为近。肛门紧靠臀鳍起点。尾鳍呈深叉状。腹膜黑色。主要摄食丝状藻、硅藻类等浮游植物，也食植物碎屑和枝角类、桡足类等浮游动物。似鳊为江、湖中常见的小型鱼类，喜群集逆水而游，故另有逆鱼之称。其天然种群数量较大，是洪泽湖的一种小型食用鱼，具有一定的渔业价值。常见于我国长江、黄河和海河等水系。

实测特征

可数可量性状

测量标本数（尾）	6		
全长（mm）	/		
体长（标准长）（mm）	141.2～153.3		
头长（mm）	/		
体长/头长	4.4～4.9		
体长/体高	3.1～3.5	背鳍鳍条数	3，7
体长/尾柄长	/	臀鳍鳍条数	3，10～11
体长/尾柄高	/	胸鳍鳍条数	1，13～14
尾柄长/尾柄高	1.1～1.4	腹鳍鳍条数	1，8
头长/头高	/	侧线鳞数	45～48
头长/眼径	3.4～3.5	腹棱	不完全

注：引自《太湖鱼类志》（倪勇和朱成德，2005）。

鲢亚科 Hypophthalmichthyinae

体侧扁，具腹棱，腹棱完全或不完全。头大。口端位，口大。无须。眼位于头侧中轴线下。左右鳃盖膜彼此相连，但不与峡部相连。具细长而密集鳃耙，或形成多孔膜质片，或互相连接。有鳃上器，呈螺旋形。体被细鳞。侧线完全，前部显著下弯，后部延伸至尾柄中央。背鳍短，无硬刺，具7分支鳍条。臀鳍无硬刺，具10～15分支鳍条。具1行下咽齿。

本亚科仅产1属2种，该亚科中鲢、鳙分布广、天然产量大，为我国重要的经济鱼类。

鲢属 *Hypophthalmichthys* Bleeker，1860

Hypophthalmichthys：Natuurkd. Tijdschr. Nede- Indie.（Bleeker，1860）

Type-species（模式种）: *Leuciscus molitrix* Cuvier et Valenciennes，1844.

体稍延长，侧扁，腹部窄，腹棱完全。头颇大，头背部较宽。吻圆钝，口较宽，端位。无须。眼小，近吻端。眼间距宽。体被细小圆鳞。侧线完全，广弧形下弯。鳃耙细密，互连为多孔膜质片。腹膜黑色。

本属产洪泽湖2种。

种的检索表

1（2）腹棱不完全，存在于腹鳍基至肛门间；鳃耙互不相连 ………… 鳙 *Hypophthalmichthys nobilis*

2（1）腹棱完全，存在于胸鳍基至肛门间；鳃耙互连，形成多孔膜质片 ………… 鲢 *Hypophthalmichthys molitrix*

30 鳙 *Hypophthalmichthys nobilis*（Richardson）

地方名：花鲢、胖头鱼

文献记载

Leuciscus nobilis：Ichth. Voy. Sulphur（Richardson，1844）。

Aristichthys nobilis：Ann. Carn. Mus.（Oshima，1919）；Contr. Biol. Lab. Sci. China

（Miao，1934）；J. Shanghai Sci. Inst.（Kimura，1934）。

Hypophthalmichthys nobilis：Mem. Asiat. Soc. Bengal（Fowler，1924）；Contr. Biol. Lab. Sci. Soc. China（Tchang，1928）；Ark. Zool.（Rendahl，1928）；Science（Tchang，1929）；Bull. Fan Mem. Inst. Biol.（Shaw，1930）。

黑鲢 *Hypophthalmichthys nobilis*：中国系统鲤类志（张春霖，1959）。

鳙 *Aristichthys nobilis*：水生生物学集刊（伍献文，1962）；长江鱼类（中国科学院水生生物研究所，1976）；上海鱼类志（中国水产科学研究院东海水产研究所等编著）（姚根娣，1990）；中国动物志·硬骨鱼纲·鲤形目（中卷）（陈宜瑜等编著）（陈炜，1998）。

鳙鱼 *Aristichthys nobilis*：太湖综合调查初步报告（中国科学院南京地理与湖泊研究所，1965）；江苏淡水鱼类（江苏省淡水水产研究所等，1987）。

鳙 *Hypophthalmichthys nobilis*

基本特征

体延长侧扁，体背侧部灰黑色，间有浅黄色泽，腹部银白色，体侧有许多不规则黑色斑点。各鳍灰白色，并有许多黑斑。腹棱自腹鳍基至肛门。头很大，宽阔，头长大于体高。吻宽短。口端位，大而斜裂。无须。眼小，位于头前侧中轴线下方。眼间距宽。鳃孔宽大。左、右鳃盖膜相连，不连于峡部。体被细小圆鳞。侧线完全。背鳍、臀鳍无硬刺。胸鳍狭长，雄鱼生殖期胸鳍前部鳍条有后倾骨质棱。腹鳍始于背鳍起点前下方。尾鳍分叉。鳃耙细长而多，鳃耙数随个体增大而增多，排列紧密，互相不愈合。有发达的螺旋形鳃上器。鳔2室，前室大而椭圆，后室小而尖。腹膜黑色。鳙行动缓慢，不善跳跃，性情温和。一般生活于水域的中上层。平时生活于湖内敞水区和有流水的港湾内，冬季在深水区越冬。营滤食生活，以浮游动物为主，兼食部分浮游植物。鳙是我国最主要的养殖鱼类，也是重要的经济鱼类，为洪泽湖渔业的主要捕捞对象之一，也是增殖放流的主要对象之一。广泛分布于我国各大水系及其湖泊、水库。

实测特征

可数可量性状

测量标本数（尾）	15		
全长（mm）	382～790		
体长（标准长）（mm）	334～643		
头长（mm）	126～220		
体长/头长	2.4～3.1	下咽齿	4/4
体长/体高	3.0～3.3	背鳍鳍条数	3，7
体长/尾柄长	6.7～8.6	臀鳍鳍条数	3，12～13
体长/尾柄高	7.3～9.4	胸鳍鳍条数	1，17～18
尾柄长/尾柄高	1.0～1.2	腹鳍鳍条数	1，7～8
头长/头高	1.3～1.5	侧线鳞数	102～110
头长/眼径	5.8～7.0	腹棱	不完全

注：以上样品2023年采自洪泽湖。

31 鲢 *Hypophthalmichthys molitrix*（Cuvier et Valenciennes）

地方名：白鲢、鲢子

文献记载

Leuciscus molitrix：Hist. Nat. Poiss. Paris（Cuvier et Valenciennes，1844）。

Hypophthalmichthys molitrix：Ichth. Arch. Ind. Prodr.（Bleeker，1860）；Contr. Biol. Lab. Sci. Soc. China（苗久棚，1934）；J. Shanghai Sci. Inst.（Kimura，1934）。

白鲢 *Hypophthalmichthys molitrix*：中国系统鲤类志（张春霖，1959）。

鲢 *Hypophthalmichthys molitrix*：水生生物学集刊（伍献文，1962）；上海鱼类志（姚根娣，1990）。

鲢鱼 *Hypophthalmichthys molitrix*：江苏淡水鱼类（江苏省淡水水产研究所等，1987）；浙江动物志·淡水鱼类（毛节荣主编）（徐寿山，1991）。

鲢 *Hypophthalmichthys molitrix*

基本特征

体延长，侧扁，腹部狭窄，体银白色，头、体背部较暗色，偶鳍灰白色，背鳍和尾鳍边缘黑色。尾柄长大于尾柄高。头大，侧扁。吻短钝，略长于眼径。口宽大，端位，斜裂，无须。眼间隔宽凸。鳃孔大。左、右鳃盖膜互连，不与峡部相连。体被细小圆鳞。侧线完全，前部弯向腹部，后部行于尾柄中央。尾鳍叉形。自胸鳍基前方至肛门有发达的腹棱。生活于水域上层，性活泼，善跳跃。终生以浮游生物为食，成体滤食硅藻类、绿藻等浮游植物兼食浮游动物等。是我国最主要的养殖鱼类之一，也是洪泽湖重要的经济鱼类之一。广泛分布于我国珠江、长江、黄河至黑龙江流域各江河、湖泊、水库中。

实测特征

可数可量性状

测量标本数（尾）	15		
全长（mm）	428～837		
体长（标准长）（mm）	382～721		
头长（mm）	145～247		
体长/头长	2.6～3.1	下咽齿	4/4
体长/体高	2.9～3.8	背鳍鳍条数	3，7
体长/尾柄长	6.7～9.3	臀鳍鳍条数	3，12～13
体长/尾柄高	8.2～10.3	胸鳍鳍条数	1，16～17
尾柄长/尾柄高	1.0～1.5	腹鳍鳍条数	1，7～8
头长/头高	1.1～1.3	侧线鳞数	101～110
头长/眼径	5.5～5.9	腹棱	完全

注：以上样品2023年采自洪泽湖。

鮈亚科 Gobioninae

体延长，稍侧扁，或略呈圆筒形，腹部无腹棱。头侧扁或锥形。吻短钝或长而突出。口上位、前位、亚前位或下位，弧形、马蹄形或呈横裂。唇光滑无乳突，或发达具乳突。口须1～2对，或退化消失。鳃盖膜与峡部相连。胸腹部被鳞或无鳞。侧线完全。

本亚科产洪泽湖有9属。鮈亚科鱼类种类多，分布广，体型大多比较小。

属的检索表

1（4）背鳍末根不分支鳍条为光滑硬刺
2（3）下咽齿3行，肛门紧靠臀鳍起点 ………………………… 䱻属 *Hemibarbus*
3（2）下咽齿2行；肛门位置稍前移，约位于腹鳍和臀鳍间距的后1/4处 ………………………………………… 似刺鳊鮈属 *Paracanthobrama*
4（1）背鳍不分支鳍条柔软分节
5（14）唇薄，简单，无乳突，下唇不分叶；鳔大，外无包被
6（7）口小，上位，口角无须 ……………………………… 麦穗鱼属 *Pseudorasbora*
7（6）口中大，端位或下位，口角具须1对
8（9）下颌具发达的角质边缘 ……………………………… 鳈属 *Sarcocheilichthys*
9（8）下颌无角质边缘
10（11）背鳍起点距吻端较其基部后端距尾鳍基为大；体中等长，略侧扁 …………………………………………………… 银鮈属 *Squalidus*
11（10）背鳍起点距吻端较其基部后端至尾鳍基为小；体长，前部呈圆筒形，后部侧扁
12（13）吻不甚突出；须长，末端伸达或伸越前鳃盖骨后缘；侧线鳞54以上 ……………………………………………………… 铜鱼属 *Coreius*
13（12）吻尖长，显著突出；须短，末端不伸越眼后缘下方；侧线鳞51以下 …………………………………………………… 吻鮈属 *Rhinogobio*
14（5）唇厚，发达，上下唇均具乳突；下唇一般分叶（个别属例外）；鳔小，前室包被
15（17）背鳍起点与吻端之距等于或大于其基部后端与尾鳍基之距；鳔前室包于韧质或膜质囊内
16（17）上下唇乳突不发达；鳔稍大，前室包于膜质囊内，后室大于前 …………………………………………………… 棒花鱼属 *Abbottina*
17（15）背鳍起点与吻端之距远小于其基部后端与尾鳍基之距；鳔前室包于骨囊内 …………………………………………………… 蛇鮈属 *Saurogobio*

似刺鳊𬶋属 *Paracanthobrama* Bleeker，1865

Paracanthobrama：Ned. Tijdschr. Dierk.（Bleeker，1865）

Type-species（模式种）：*Paracanthobrama guichenoti* Bleeker，1865.

体高，侧扁，腹部圆，无腹棱。头后背部显著隆起，背鳍起点处最高。头短小，口下位，口须1对，约与眼径等长，眼较小。侧线完全，侧线鳞约50左右。鳃耙短，排列稀疏。腹膜灰白色。分布于长江中下游。

本属产洪泽湖有1种。

32 似刺鳊𬶋 *Paracanthobrama guichenoti*（Bleeker）

地方名：金翅鲤

文献记载

Paracanthobrama guichenoti：Ned. Tijdschr. Dierk.（Bleeker，1865）。

Hemibarbus dissimilis：Verh. Akad. Amst.（Bleeker，1871）。

Hemibarbus soochowensis：Bull. Fan Mem. Inst. Biol.（Shaw，1930）。

似刺鳊𬶋 *Paracanthobrama guichenoti*：中国鲤科鱼类志（下卷）（罗云林，1977）；洪泽湖渔业史（《洪泽湖渔业史》编写组，1990）；中国动物志·硬骨鱼纲·鲤形目（中卷）（乐佩琦，1998）。

似刺鳊𬶋 *Paracanthobrama guichenoti*

基本特征

体延长，稍侧扁，腹部圆，无腹棱；头后背部显著隆起，至背鳍起点处最高。头较小，头长远小于体高。吻短，稍尖。口较小，下位，深弧形。口角须1对，须长等于或略小于眼径，末端伸达眼中部下方。体被中等圆鳞，胸腹部具鳞，胸部鳞较小。侧线安全。背鳍末根不分支鳍条为光滑硬刺，长而粗壮，刺长大于头长。臀鳍无硬刺，起点距尾鳍基较距腹鳍起点为近。胸鳍小，末端不达腹鳍。腹鳍起点约位于背鳍基中部下方。尾鳍分叉。栖息于水体底层，杂食性，主要以摇蚊幼虫、毛翅目幼虫等水生昆虫及丝状藻类为食，也食螺、蚬等底栖动物。江苏省各水系均产；也见于我国长江中下游及其附属水体。

实测特征

可数可量性状

测量标本数（尾）	4		
全长（mm）	192.9～224.4		
体长（标准长）（mm）	157.6～185.6		
头长（mm）	31.2～36.8		
体长/头长	4.7～5.0		
体长/体高	3.2～3.5	背鳍鳍条数	3，7
体长/尾柄长	6.2～9.0	臀鳍鳍条数	3，6
体长/尾柄高	7.7～9.2	胸鳍鳍条数	1，16～17
尾柄长/尾柄高	0.9～1.4	腹鳍鳍条数	1，7
头长/头高	1.6～1.9	侧线鳞数	45～48
头长/眼径	3.6～5.5	腹棱	无腹棱

注：以上样品2023年采自洪泽湖。

麦穗鱼属 *Pseudorasbora* Bleeker，1859

Pseudorasbora：Natuurkd. Tijdschr. Neder.（Bleeker，1859）

Type-species（模式种）： *Leuciscus pusillus* Temminck and Schlegel，1846.

体延长，侧扁，腹部圆，无腹棱。头较短小。吻短，稍平扁。口很小，上位。唇薄。下颌突出，长于上颌。无须。眼较大，位于头侧中上位。眼间距宽。体被较大圆鳞。侧线完全或不完全。

本属产洪泽湖有1种。

33 麦穗鱼 *Pseudorasbora parva* (Temminck et Schlegel)

地方名：罗汉鱼、混姑郎

文献记载

Leuciscus parvus：Pisces. Fauna Japanica Parts. (Temminck et Schlegel，1846)。

Pseudorasbora parva：Mem. Asiat. Soc. Bengal. (Fowler，1924)；Contr. Biol. Lab. Sci. Soc. (Tchang，1928)；Theses Univ. Paris (Tchang，1930)。

Pseudorasbora deperssirostris：Theses Univ. Paris (Tchang，1930)。

麦穗鱼 *Pseudorasbora parva*：中国系统鲤类志 (张春霖，1959)；长江鱼类 (中国科学院水生生物研究所，1976)；江苏淡水鱼类 (江苏省淡水水产研究所等，1987)。

麦穗鱼 *Pseudorasbora parva*

基本特征

体延长，侧扁；腹圆，无腹棱。头后背部稍隆起。头尖，较小。吻短稍尖突。口上位，无须。眼较大，稍短于吻长。眼间距宽平。鳃盖膜与峡部相连。体被较大圆鳞。侧线完全。背鳍不分支鳍条柔软，无硬刺。臀鳍无硬刺，起点距腹鳍起点较距尾鳍基为近。胸鳍下侧位，后端不达腹鳍起点。腹鳍起点约与背鳍起点相对或略后。体背侧灰黑色，腹侧银白色。体侧中央自吻端至尾基具一黑色条纹，在头部横越眼中部，幼鱼较明显。喜栖于水草丛中，以浮游生物为食，主要摄食枝角类和桡足类，其次为蓝藻、硅藻、绿藻及丝状藻、水草、水生昆虫和鱼卵等。雄鱼有守护的习性。江苏各地均产；也见于我国各主要水系。

实测特征

可数可量性状

测量标本数（尾）	15		
全长（mm）	55.2～97.3		
体长（标准长）（mm）	47.2～81.5		
头长（mm）	10.4～15.0		
体长/头长	4.5～5.1		
体长/体高	3.7～4.6	背鳍鳍条数	3，7
体长/尾柄长	4.6～5.8	臀鳍鳍条数	3，6
体长/尾柄高	7.5～9.3	胸鳍鳍条数	1，12～13
尾柄长/尾柄高	1.4～1.9	腹鳍鳍条数	1，7
头长/头高	1.6～1.8	侧线鳞数	35～36
头长/眼径	3.6～4.8	腹棱	无腹棱

注：以上样品2023年采自洪泽湖。

铜鱼属 *Coreius* Jordan et Starks，1905

Coreius：Proc. U. S. Natl. Mus.（Jordan and Starks，1905）

Type-species（模式种）： *Labeo cetopsis* Kner，1866.

体长，前部圆筒形，后部较侧扁；腹部较平，无腹棱。头小。吻稍尖，较宽阔，口前吻部不显著突出。口下位，呈弧形。唇厚，无乳突。口角须一对，较粗长。鳞较小，侧线鳞54～58。侧线完全。背、臀鳍无硬刺，尾鳍分叉。

本属产洪泽湖有2种。

种的检索表

1（3）口小，马蹄形；胸鳍较短，末端不达腹鳍起点

2（2）口狭，头长为口宽的7.0倍以上；下咽齿末端稍呈钩状 …… 铜鱼 *C.heterodon*

3（1）口大，宽圆，弧形；胸鳍宽且长，末端远超过腹鳍基部

…………………………………………………………… 圆口铜鱼 *C.guichenoti*

34 铜鱼 *Coreius heterodon*（Bleker）

地方名：尖头、黄道士

文献记载

Gobio heterodon：Neder. Tijd.（Bleeker，1865）。

Labeo cetopsis：Novara Fische.（Kner，1866）；Zool. Theil. Fische.（Kner，1867）。

Coripareius cetopsis：Mem. Mus. Comp. Zool. Harv. Coll.（Garman，1912）。

Coreius heterodon：Rev. Roun. Biol.（Zool）（Banarescu and Nalbant，1965）。

铜鱼 *Coreius heterodon*：长江鱼类（中国科学院水生生物研究所，1976）；中国鲤科鱼类志（下卷）（罗云林、乐佩琦、陈宜瑜，1977）；中国动物志·硬骨鱼纲·鲤形目（中卷）（乐佩琦，1998）。

铜鱼 *Coreius heterodon*

基本特征

体延长，前部圆筒形，后部稍侧扁，尾柄高而长；腹部较平，无腹棱。头小，锥形。吻圆突。眼小。口下位，马蹄形。唇厚，光滑。口角须1对，粗长，向后几伸达前鳃盖骨后缘。鳃盖膜与峡部相连。体被圆鳞。侧线完全。背鳍无硬刺。臀鳍起点距腹鳍基底较距尾基为近。胸鳍下侧位，后端接近腹鳍起点。腹鳍起点距胸鳍基与距臀鳍起点相等。

铜鱼（*Coreius heterodon*）下颌结构

尾鳍叉形。鳃耙短小。体背部古铜色，腹部淡黄色。背侧各鳞具一灰黑色浅斑。各鳍浅色，边缘浅黄色。铜鱼喜在流水中生活，栖息于底层，杂食性，主食黄蚬、螺蛳、淡水壳菜等软体动物，兼食水生昆虫和高等植物碎屑。江苏地区常见于长江干流；分布于我国长江和黄河水系。

实测特征

可数可量性状

测量标本数（尾）	3		
全长（mm）	/		
体长（标准长）（mm）	710～1350		
头长（mm）	/		
体长/头长	4.0～5.0	背鳍鳍条数	3，7
体长/体高	4.5～5.0	臀鳍鳍条数	3，6
体长/尾柄长	/	胸鳍鳍条数	1，18～19
体长/尾柄高	/	腹鳍鳍条数	1，7
尾柄长/尾柄高	1.7～2.0	侧线鳞数	52～54
头长/眼径	7.2～10.2	腹棱	无腹棱

注：引自《太湖鱼类志》（倪勇和朱成德，2005）。

35 圆口铜鱼 *Coreius guichenoti*（Sauvage et Dabry）

文献记载

Saurognbio guichenoti：Ann. Sci. Nat. Paris Zool.（Sauvage et Dabry，1874）；Bull. Soc. Zool.（Coreiuszeni Tchang，1930）；水生生物学集刊（褚新洛，1955）。

Coreius guichenoti：Buli. Mus. Hist. nat. Paris（Fang，1943）；Rev. Roum.Biol. Zool.（Banarand Nalbant，1965）；中国鲤科鱼类志（罗云林等，1977）。

基本特征

体长，头后背部显著隆起，前部圆筒状，后部稍侧扁。头小，较平扁。口下位，口

圆口铜鱼 *Coreius guichenoti*

裂大，呈弧形。唇厚，较粗糙。具须1对，极粗长，后伸达胸鳍基部。眼甚小，距吻端较至鳃盖后缘为近。鼻孔径大于眼径。鳞较小，胸鳍基部区覆盖多数不规则排列的小鳞片，背、臀鳍基部具鳞鞘。侧线完全，极平直。背鳍较短，无硬刺，第一、二根分支鳍条显著延长，其起点至吻端与至臀鳍基部中点距离相等。胸鳍宽且大，特别延长，前数根鳍条甚长，末端远超过腹鳍起点。尾鳍宽阔分叉。体黄铜色，腹部白色带黄。分布于我国长江上中游的干支流中。

圆口铜鱼（*Coreius guichenoti*）下颌结构

实测特征

可数可量性状

测量标本数（尾）	55		
全长（mm）	/		
体长（标准长）（mm）	73～357		
体长/头长	4.2～5.0	背鳍鳍条数	3，7
体长/体高	3.8～4.8	臀鳍鳍条数	3，6
体长/尾柄长	4.0～4.8	胸鳍鳍条数	1，18～20
体长/尾柄高	8.2～10.0	腹鳍鳍条数	1，7
头长/眼径	9.0～12.5	侧线鳞数	55～58

注：引自《中国动物志·硬骨鱼纲·鲤形目》（中卷）（乐佩琦，1998）。

𩽾属 *Hemibarbus* Bleeker，1859

Hemibarbus：Natuurk. Tijdschr. Ned. Indie.（Bleeker，1859）

Type-species（模式种）： *Gobio barbus* Temminck et Schlegel，1846.

Gobiobarbus：Verh. Zool-bot. Ges. Wien.（Dybowsky，1868）

Type-species（模式种）： *Cyprinus labeo* Pallas，1868.

体稍侧扁，腹部圆，无腹棱。头锥形。吻长而尖突。具发达吻褶。口马蹄形，下位，口小，口裂伸至鼻孔前缘下方。唇光滑，口角须一对。眼大，上侧位。鳃盖膜与峡部相连。体被圆鳞，侧线鳞40～54。侧线完全。背鳍末根不分支鳍呈光滑的硬刺。臀鳍无硬刺。

本属产洪泽湖有1种。

36 花𩽾 *Hemibarbus maculatus*（Bleeker）

地方名：季鱼、鸡骨郎、马鸡、花鸡郎鱼、季郎鱼、麻鸭子、鲈鲫

文献记载

Hemibarbus maculatus：Akad. Amst.（Bleeker，1871）；Bull. Fan Mem. Inst. Biol.（Shaw，1930）。

Barbus schlegeli：Mem. Asiat. Soc. Bengal（Fowler，1924）；Bull. Fan Mem. Inst. Biol.（Shaw，1930）。

Hemibarbus labeo maculatus：Ark. Zool.（Rendahl，1928）。

花𩽾*Hemibarbus maculatus*：中国系统鲤类志（张春霖，1959）；江苏淡水鱼类（江苏省淡水水产研究所等，1987）；洪泽湖渔业史（《洪泽湖渔业史》编写组，1990）。

基本特征

体延长，侧扁，头后背部稍隆起；腹部圆，无腹棱。头长小于体高。吻稍尖突。眼较大。口下位，口裂呈马蹄形。唇薄，唇后沟中断。口角须1对，须长短于眼径。鳃盖膜与峡部相连。体被中小圆鳞。侧线完全。背鳍末根不分支鳍条为粗壮光滑硬刺，刺长通常约等于头长。臀鳍无硬刺，起点距尾鳍基较距腹鳍起点较近。胸鳍末端不伸达腹鳍

花䱻 *Hemibarbus maculatus*

起点。体银灰色，体侧具不规则黑斑，沿侧线上方有一纵列9～12个黑斑。尾鳍具4～5行黑色点纹。栖息水体中下层。成鱼主要摄食虾类和小型软体动物（如螺蚬、淡水壳菜、幼蚌等），其次，也摄食幼鱼、水生昆虫幼体、枝角类、桡足类、丝状藻类等。江苏各地均产。也见于除新疆和青藏高原外的我国各大水系。

实测特征

可数可量性状

测量标本数（尾）	10		
全长（mm）	195.8～317.1		
体长（标准长）（mm）	166.0～266.7		
头长（mm）	41.9～60.5		
体长/头长	3.8～4.4		
体长/体高	3.9～4.3	背鳍鳍条数	3，7
体长/尾柄长	5.8～7.1	臀鳍鳍条数	3，6
体长/尾柄高	9.0～10.3	胸鳍鳍条数	1，17～19
尾柄长/尾柄高	1.2～1.7	腹鳍鳍条数	1，8
头长/头高	1.6～2.1	侧线鳞数	47～49
头长/眼径	5.1～6.6	腹棱	无腹棱

注：以上样品2023年采自洪泽湖。

吻鮈属 *Rhinogobio* Bleeker，1870

Rhinogobio：Verh. Akad. Amst.（Blecker，1870）

Type-species（模式种）： *Rhinogobio typus* Bleeker，1871.

Megagobio：Fish. Mongolia.（Kessler，1876）

Type-species（模式种）： *Megagobio nasutus* Kessler，1876.

Rhinogobioides：（Subgen）Ark. Zool.（Rendahl，1928）

Type-species（模式种）： *Gobio longipinnis* Nichols，1925.

体长，前端亚圆筒形，后部侧扁，头后背部稍隆起，无腹棱。头尖，近圆锥形。口下位，深弧形。唇厚，无乳突。下颌无角质边缘。口角须1对。下咽齿2行。体鳞较小，侧线鳞约50左右，侧线完全。背、臀鳍无硬刺。尾鳍分叉。

本属产洪泽湖有2种。

种的检索表

1（3）背鳍第一分支鳍条不延长，其长小于头长；体细长，体长为体高的5倍以上

2（2）眼较小，头长为眼径的6.5倍以上；鳔前室前2/3被包于骨质囊内，后1/3被包于膜质囊内；肛门位于腹、臀鳍间距之中点 ……圆筒吻鮈 *R.cylindricus*

3（1）眼较大，头长为眼径的5.5倍以下；鳔前室被包于膜质囊内；肛门位于腹、臀鳍间距前2/5处 …………………………………………………… 吻鮈 *R.typus*

37 圆筒吻鮈 *Rhinogobio cylindricus*（Günther）

文献记载

Rhinogobio cylindricus：Ann. Mag. Nat. Hist.（Günther，1888）。

圆筒吻鮈 *Rhinogobio cylindricus*：长江鱼类（中国科学院水生生物研究所，1976）；洪泽湖渔业史（《洪泽湖渔业史》编写组，1990）。

基本特征

体细长，近圆筒形，腹部稍平。头尖，锥形，头长远大于体高。吻尖。眼小，上侧

圆筒吻鮈 *Rhinogobio cylindricus*

注：引自《中国淡水鱼类原色图集》(中国科学院水生生物研究所，1982)。

位。眼间隔宽平。口下位，深弧形。唇厚，无乳突。口角具须1对，较粗，须长等于或略大于眼径。鳃盖膜与峡部相连。体被细长圆鳞，胸部鳞很小，常隐于皮下。侧线完全，较平直。背鳍无硬刺，其起点距吻端较尾鳍基为近。臀鳍短，其起点距腹鳍基较距尾鳍基为近。胸鳍后端不伸达腹鳍起点。腹鳍始于背鳍起点下方，约与背鳍第二或第三分支鳍条相对，末端不达臀鳍起点。尾鳍深分叉。体背部灰黑色，腹部灰白色。背鳍和尾鳍灰黑色，其余各鳍灰白色。江苏已知仅见于洪泽，主要分布于我国长江中上游及其支流。

实测特征

可数可量性状

测量标本数（尾）	2		
全长（mm）	/		
体长（标准长）(mm)	145.5～166.0		
体长/头长	3.8～4.2	背鳍鳍条数	3，7
体长/体高	6.0～6.2	臀鳍鳍条数	3，6
体长/尾柄长	/	胸鳍鳍条数	1，15～17
尾柄长/尾柄高	2.3～2.6	腹鳍鳍条数	1，7
头长/眼径	6.7～7.6	侧线鳞数	49～50

注：引自《江苏鱼类志》(倪勇和朱成德，2006)。

38 吻鮈 *Rhinogobio typus*（Bleeker）

文献记载

Rhinogobio typus：Verh. Akad. Amst.（Bleeker，1871）。

吻鮈 *Rhinogobio typus*：江苏淡水鱼类（江苏省淡水水产研究所等，1987）；洪泽湖渔业史（《洪泽湖渔业史》编写组，1900）；洪泽湖（朱松泉、魏绍芬等，1993）。

吻鮈 *Rhinogobio typus*

基本特征

体细长，圆筒形，尾柄细长而略侧扁，头后背部略隆起。头长，锥形，头长远大于体高。吻尖长。眼大，上侧位。口下位，深弧形。唇厚，无乳突。口角须1对，较粗长。鳃盖膜与峡部相连。体被较小圆鳞。侧线完全，平直。背鳍无硬刺，其起点距吻端较其基部后端至尾鳍基为近。臀鳍无硬刺，其起点距腹鳍基较距尾鳍基稍近。胸鳍下侧位，后端不达腹鳍基。腹鳍起点稍后于背鳍起点。尾鳍分叉，上下叶末端尖。体背侧黑色或灰褐色，腹部浅黄白色。为底栖小型鱼类，主要以水生昆虫、摇蚊幼虫及丝状藻为食。在江苏各水系数量少，无经济价值。江苏湖泊中的个体系从长江通过河道进入，现因水利设施，江湖通道受阻，本种在沿江各湖已较少见；也见于我国长江和闽江水系。

实测特征

可数可量性状

测量标本数（尾）	2		
全长（mm）	/		
体长（标准长）（mm）	93～126		
头长（mm）			
体长/头长	4.7～5.5	背鳍鳍条数	3，7
体长/体高	5.8～6.8	臀鳍鳍条数	3，6
体长/尾柄长	/	胸鳍鳍条数	1，16～17
体长/尾柄高	/	腹鳍鳍条数	1，7
尾柄长/尾柄高	2.8～3.5	侧线鳞数	49～50
头长/眼径	4.4～5.2	腹棱	无腹棱

注：引自《太湖鱼类志》（倪勇和朱成德，2005）。

棒花鱼属 *Abbottina* Jordan et Fowler，1903

Abbottina：Proc. U. S. Nat. Mus.（Jordan et Fowler，1903）

Type-species（模式种）：*Abbottina paegma* Berg，1914.

体长，粗壮，略侧扁。头后背部稍隆起，腹部平，无腹棱。头中大。口下位，马蹄形。唇发达，多数不具显著乳突，上唇光滑或有不明显唇褶，有的具1排较大乳突。口角须1对。体被圆鳞。侧线完全。背、臀鳍无硬刺。

本属产洪泽湖有1种。

39 棒花鱼 *Abbottina rivularis*（Basilewsky）

地方名：爬虎鱼、沙锤、花里棒子

文献记载

Gobio rivularis：Nouv.Mem.Soc.nat.Mosc.（Basilewsky，1855）。

Tylognathus sinensis：“Novara” Fische Ⅲ.（Kner，1866）。

Pseudogobio sinensis：Proc.U.S.nat.Mus.（Fowler et Bean，1920）。

棒花鱼 *Abbottina rivularis*：中国系统鲤类志（张春霖，1959）；水生生物学集刊（伍献文，1962）；江苏淡水鱼类（江苏省淡水水产研究所，1987）。

棒花鱼 *Abbottina rivularis*

基本特征

体延长，前部近圆筒形，后部稍侧扁，腹部圆，无腹棱。头中大，头长大于体高。吻较长，圆钝。口下位，近马蹄形。唇厚，不具显著乳突。口角须1对，须长等于或小于眼径。眼较小，上侧位。鳃盖膜与峡部相连。体被圆鳞。侧线完全，平直。背鳍无硬刺，起点距吻端较距尾鳍基为近。臀鳍无硬刺，起点距尾鳍基较距腹鳍起点为近。尾鳍分叉。体背侧青灰色，体侧上部每鳞后缘有一黑色斑点。体侧中部具7～8个黑斑，背鳍和尾鳍上有5～7条黑点纹。生殖期间雄鱼胸鳍不分支鳍条变硬，其外缘和头部有发达的珠星。主要摄食枝角类、桡足类和端足类，也食水生昆虫、水蚯蚓和轮虫及植物碎屑。雄鱼有筑巢、护卵习性。生活于湖汊、港湾和沿岸底层。分布极广，除少数高原地区外，我国各水系均有分布。

实测特征

可数可量性状

测量标本数（尾）	6		
全长（mm）	/		
体长（标准长）（mm）	44～96		
头长（mm）	/		
体长/头长	3.6～4.0	背鳍鳍条数	3，7
体长/体高	4.0～4.8	臀鳍鳍条数	3，5
体长/尾柄长	/	胸鳍鳍条数	1，10～12
体长/尾柄高	/	腹鳍鳍条数	1，7
尾柄长/尾柄高	1.2～1.5	侧线鳞数	34～37
头长/眼径	3.7～4.4	腹棱	无腹棱

注：引自《太湖鱼类志》（倪勇和朱成德，2005）。

鳈属 *Sarcocheilichthys* Bleeker，1859

Sarcocheilichthys：Natuurk. Tijdschr. Ned. Indie.（Bleeker，1859）

Type-species（模式种）： *Leuciscus variegatus* Temmick et Schlegel，1846.

体略侧扁，无腹棱。尾柄宽短，侧扁。头较小。吻圆钝。眼较小。眼间隔宽凸。口小，下位或亚下位，弧形或马蹄形；上颌突出，上颌骨后端不伸达眼前缘下方；唇结构简单，光滑无乳突；口角须1对。鳃盖膜与峡部相连。侧线鳞35～45。侧线完全。

本属产洪泽湖有2种。

种的检索表

1（2）体侧无宽阔黑色横斑，而具许多不规则细长散斑；口弧形或深弧形；下唇侧叶前伸几达下颌前端，下颌角质边缘不发达；口角无须 ……………………………………………… 黑鳍鳈 *S. nigripinnis*

2（1）体侧具4条宽阔黑色横斑；口马蹄形；下唇仅限于两侧口角处；下颌角质边缘发达；口角具1对小须 ……………………………… 华鳈 *S. sinensis*

40 黑鳍鳈 *Sarcocheilichthys nigripinnis*（Günther）

地方名：花鸡古、花玉穗

文献记载

Gobio nigripinnis：Ann. Mag. Nat. Hist.（Günther，1873）；Contr. Biol. Lab. Sci. Soc. China（Tchang，1928）；Thises Univ. Paris（Tchang，1930）。

Chilogobio nigripinnis：Ark. Zool.（Rendahl，1928）；Lingnan Sci. J.（Lin，1933）。

黑鳍鳈 *Sarcocheilichthys nigripinnis*：中国系统鲤类志（张春霖，1959）；长江鱼类（中国科学院水生生物研究所，1976）；洪泽湖渔业史（《洪泽湖渔业史》编写组，1990）。

黑鳍鳈 *Sarcocheilichthys nigripinnis*：洪泽湖（朱松泉、魏绍芬等，1993）；山东鱼类志（杨青，1997）。

黑鳍鳈 *Sarcocheilichthys nigripinnis*

基本特征

体延长，略侧扁，头后背部隆起，腹部圆，无腹棱。头较小，头长略小于体高。吻稍短钝。眼小，上侧位。口下位。唇较厚，下唇狭长。口角无须。鳃盖膜与峡部相连。体被中大圆鳞。侧线完全。背鳍无硬刺。臀鳍起点位于背鳍鳍条末端稍后方。胸鳍下侧位，末端不达腹鳍起点。腹鳍起点在背鳍起点稍后下方。末端伸达肛门。尾鳍分叉。体侧具不规则黑色和黄色斑纹，繁殖期间雄鱼吻部具白色珠星，雌鱼产卵管稍延长。栖息于中下层，杂食性，以水生昆虫、幼螺、幼蚌和低等甲壳类为食，兼食水草和藻类。江苏各地均产；也见于我国黄河、长江、钱塘江、闽江、珠江以及海南、台湾诸水系。

实测特征

可数可量性状

测量标本数（尾）	5		
全长（mm）	/		
体长（标准长）（mm）	48～97		
头长（mm）	/		
体长/头长	4.0～4.3	背鳍鳍条数	3，7
体长/体高	3.6～4.2	臀鳍鳍条数	3，6
体长/尾柄长	/	胸鳍鳍条数	1，14～15
体长/尾柄高	/	腹鳍鳍条数	1，7
尾柄长/尾柄高	1.4～1.6	侧线鳞数	38～40
头长/眼径	3.6～4.2	腹棱	无腹棱

注：引自《太湖鱼类志》（倪勇和朱成德，2005）。

41 华鳈 *Sarcocheilichthys sinensis*（Bleeker）

地方名：花季郎、花花媳妇

文献记载

Sarcocheilichthys sinensis：Verh. Akad. Amst.（Bleker，1871）；Theses Univ. Paris（Tchang，1930）；Contr. Biol. Lab. Sci. Soc. China（Miao，1934）。

Georgichthys scaphignathus：Mem. Asiatic Soc. Beng.（Fowler，1924）。

Sarcocheilichthys variegates：Proc. Calif. Acad. Sci.（Evermann et Shaw，1927）。

Sarcocheilichthys nigripinnis：Bull. Fan Mem. Inst. Biol.（Shaw，1930）。

华鳈 *Sarcocheilichthys sinensis*：中国系统鲤类志（张春霖，1959）；江苏淡水鱼类（江苏省淡水水产研究所等，1987）；洪泽湖渔业史（《洪泽湖渔业史》编写组，1990）。

华鳈 *Sarcocheilichthys sinensis*：浙江动物志·淡水鱼类（毛节荣，1991）。

基本特征

体稍延长而侧扁，头后背部隆起；腹部圆，无腹棱。头短小。吻圆钝，吻长大于眼

华鳈 *Sarcocheilichthys sinensis*

径。眼中大，上侧位。口马蹄形，下位。唇较厚，结构简单。口角常具1对短须，有时消失。鳃盖膜与峡部相连。体被圆鳞。侧线完全。背鳍无硬刺，起点距吻端较距尾鳍基为近。臀鳍较短，距尾鳍基为近。胸鳍下侧位，后端不伸达腹鳍起点。尾鳍分叉。体灰黑色，体侧具4条宽阔黑色横带。繁殖期间雄鱼头部出现珠星；雌鱼肛门突起伸出，其后有一产卵管。常栖息于湖泊沿岸、湖湾等水体中下层，主要摄食水生昆虫及其幼虫和甲壳类小型底栖动物，兼有植物碎屑和低等藻类。江苏各地均产；也见于我国除西北高原地区外的各主要水系。

实测特征

可数可量性状

测量标本数（尾）	5		
全长（mm）	/		
体长（标准长）（mm）	96～152		
头长（mm）	/		
体长/头长	4.2～4.5	背鳍鳍条数	3，7
体长/体高	3.1～3.5	臀鳍鳍条数	3，6
体长/尾柄长	/	胸鳍鳍条数	1，15～16
体长/尾柄高	/	腹鳍鳍条数	1，7
尾柄长/尾柄高	1.0～1.2	侧线鳞数	39～41
头长/眼径	3.5～4.0	腹棱	无腹棱

注：引自《太湖鱼类志》（倪勇和朱成德，2005）。

蛇鮈属 *Saurogobio* Bleeker，1870

Saurogobio：Versl. Med. Akad. Amst.（Bleeker，1870）

Type-species（模式种）：*Saurogobio dumerili* Bleeker，1871.

体细长，前部圆筒形，后部稍侧扁。头较短。吻突出。口小下位，马蹄形。唇厚，具乳突。口角须1对。眼较大，上侧位。鳞较小，侧线鳞40～60。侧线完全，平直。背鳍无硬刺，背鳍起点距吻端远小于其基部后端至尾鳍基之距。臀鳍无硬刺。尾鳍分叉。

本属产洪泽湖有2种。

种的检索表

1（3）体较大；唇厚，具显著乳突；侧线鳞47～60

2（2）侧线鳞50左右；胸鳍基部前之胸部裸露无鳞；头较大，体长为头长的5.5倍以下 …………………………………………………………… 蛇鮈 *S. dabryi*

3（1）侧线鳞60左右：胸部具鳞；头短，体长为头长的5.5倍以上 ……………………………………………………………… 长蛇鮈 *S. dumerili*

42 蛇鮈 *Saurogobio dabryi*（Bleeker）

地方名：船丁鱼

文献记载

Saurogobio dabryi：Verh. Akad. Amst.（Bleeker，1871）；Ark. Zool.（Rendahl，1928）；Contr. Biol. Lab. Sci. Soc. China（Tchang，1928）；J. Shanghai Inst.（Kimura，1934）。

Saurogobio drakei：Contr. Biol. Lab. Sci. Soc. China（Miao，1934）。

船钉鱼 *Saurogobio dabryi*：中国系统鲤鱼志（张春霖，1959）。

白杨鱼 *Saurogobio dabryi drakei*：中国系统鲤鱼志（张春霖，1959）。

蛇鮈 *Saurogobio dabryi*：长江鱼类（中国科学院水生生物研究所，1976）；海洋湖沼研究文集（王玉纲等，1986）；江苏淡水鱼类（江苏省淡水水产研究所等，1987）；洪泽湖渔业史（《洪泽湖渔业史》编写组，1990）。

蛇鮈 *Saurogobio dabryi*

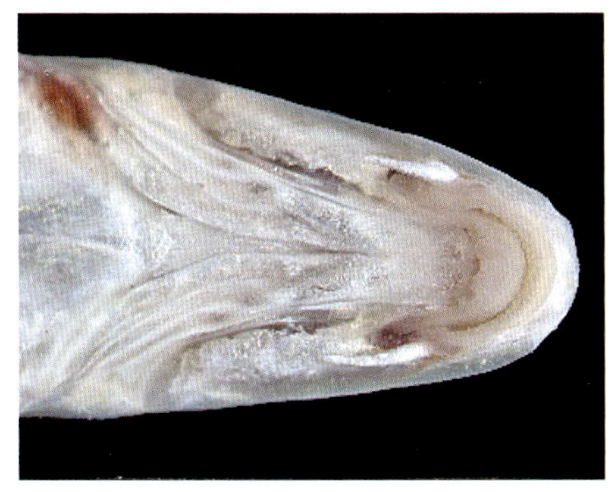

蛇鮈（*Saurogobio dabryi*）口唇结构

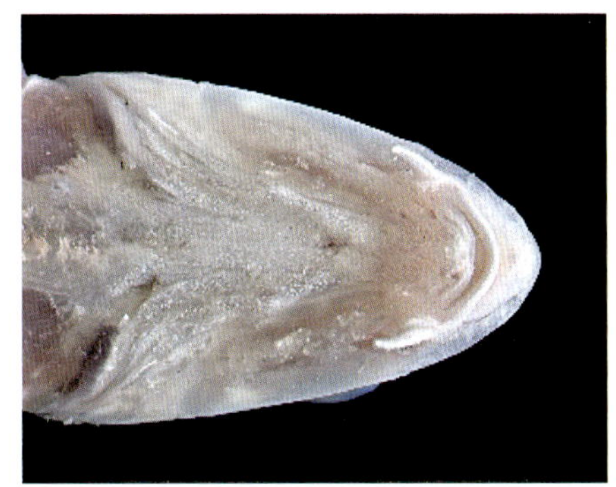

光唇蛇鮈（*Saurogobio gymnocheilus*）口唇结构

基本特征

体细长，前部略呈圆筒形，背部稍隆起；无腹棱；尾部细长侧扁。头中大，锥形。吻突出。眼中大，上侧位。口下位，马蹄形。唇厚，具细小乳突。口角须1对。鳃盖膜与峡部相连。体被较小圆鳞。侧线完全，平直。背鳍无硬刺，起点距吻端较其基部后端距尾鳍基为小。臀鳍后位。胸鳍下侧位，后端不达腹鳍起点。尾鳍分叉，上下叶等长。体背侧灰绿色。体侧沿侧线上方具一条浅黑色纵纹。其上有9～11个黑色斑点。为中小型鱼类，栖息于水域中下层。主要以摄食水生昆虫、水蚯蚓以及端足类和桡足类等为生，食物团中还常夹杂大量植物碎片。江苏各地均产；也见于除西北地区外的我国各主要水系。

实测特征

可数可量性状

测量标本数（尾）	15
全长（mm）	102.8～212.2
体长（标准长）(mm)	87.2～185.5

（续）

头长（mm）	15.3～35.9		
体长/头长	4.8～5.9		
体长/体高	5.4～6.8	背鳍鳍条数	3，8
体长/尾柄长	5.4～6.8	臀鳍鳍条数	3，6
体长/尾柄高	13.5～17.8	胸鳍鳍条数	1，14～15
尾柄长/尾柄高	1.7～2.5	腹鳍鳍条数	1，7
头长/头高	1.5～2.3	侧线鳞数	47～48
头长/眼径	4.5～6.0	腹棱	无腹棱

注：以上样品2023年采自洪泽湖。

43 长蛇鮈 *Saurogobio dumerili*（Bleeker）

地方名：船丁鱼、麻条鱼

文献记载

Saurogobio dumerili：Verh. Akad. Amst.（Bleeker，1871）；Thèses Univ. Paris（Tchang，1930）；Contr. Biol. Lab. Soc. Sci. China（Zool.）（Miao，1934）。

杜氏船钉鱼 *Saurogobio dumerili*：中国系统鲤类志（张春霖，1959）。

杜氏白杨鱼 *Saurogobio dumerili*：水生生物学集刊（伍献文，1962）。

长蛇鮈 *Saurogobio dumerili*：海洋湖沼研究文集（王玉纲等，1986）；江苏淡水鱼类（江苏省淡水水产研究所等，1987）；洪泽湖渔业史（《洪泽湖渔业史》编写组，1990）。

长蛇鮈 *Saurogobio dumerili*

基本特征

体很长，亚圆筒形，头后背部稍隆起，腹面平坦，无腹棱，尾柄细长。头短小，稍宽，略平扁。吻短，稍尖突，吻长小于眼后头长。眼小，上侧位。口下位，深弧形。唇具多细小乳突。上下唇在口角处相连。口角须1对，须长约等于眼径。鳃盖膜与峡部相连。体被较小圆鳞。侧线完全，平直。背鳍无硬刺，起点距吻端远较其基部后端至尾鳍基为近。臀鳍无硬刺，起点距尾鳍基较距腹鳍基为近。尾鳍分叉。体背侧灰黑色。背侧各鳞基部具一黑斑。长蛇鮈习性与蛇鮈基本相似，栖息于底层，主要以底栖动物、幼蚌、黄蚬、水生昆虫等为食，兼食枝角类、藻类和植物碎屑。江苏各地均产；也见于我国辽河、黄河、长江和钱塘江等水系。

实测特征

可数可量性状

测量标本数（尾）	5		
全长（mm）	/		
体长（标准长）（mm）	184～225		
头长（mm）	/		
体长/头长	5.7～6.0	背鳍鳍条数	3，7
体长/体高	7.2～7.4	臀鳍鳍条数	3，6
体长/尾柄长	/	胸鳍鳍条数	1，14～15
体长/尾柄高	/	腹鳍鳍条数	1，7
尾柄长/尾柄高	2.5～2.7	侧线鳞数	59～60
头长/眼径	5.0～5.1	腹棱	无腹棱

注：引自《太湖鱼类志》（倪勇和朱成德，2005）。

银鮈属 *Squalidus* Dybowsky，1872

Squalidus：Verh. Zool. –bot. Ges. Wien.（Dybowsky，1872）

Type-species（模式种）： *Squalidus chankaensis* Dybowsky，1872.

体长，略侧扁，腹部圆，无腹棱，尾柄较细长。头圆锥形。吻短，略尖。口亚下位。唇薄。上下颌无角质边缘。口角须1对。眼较大，上侧位。鳃盖膜与峡部相连。体被圆鳞。侧线完全。背、臀鳍均无硬刺。尾鳍分叉。体侧中部具1条较宽纵纹。

本属产洪泽湖有3种。

种的检索表

1（2）侧线鳞39～42 ………………………………………………… 银鮈 *S. argentatus*

2（1）侧线鳞33～36

3（4）须短，不及眼径1/3 ……………………………………………… 亮银鮈 *S. nitens*

4（3）须长，等于或大于眼径 ……………………………… 点纹银鮈 *S. wolterstorffi*

44 银鮈 *Squalidus argentatus*（Sauvage et Dabry）

地方名：白郎鸡

文献记载

Gobio argentatus：Ann. Sci. Nat. Paris Zool.（Sauvage et Dabry，1874）；Contr. Biol. Lab. Sci. Soc. China（Zool.）（Miao，1934）。

银色颌须鮈 *Cnathopogon argentatus*：长江鱼类（中国科学院水生生物研究所，1976）；江苏淡水鱼类（江苏省淡水水产研究所等，1987）；洪泽湖渔业史（《洪泽湖渔业史》编写组，1990）。

银鮈 *Squalidus argentatus*：上海鱼类志（王幼槐，1990）；水生生物学报（乐佩琦，1995）。

银鮈 *Squalidus argentatus*

基本特征

体延长，稍侧扁，腹部圆，无腹棱。头中大，锥状。吻略尖，吻长小于眼后头长。眼较大，上侧位。口亚下位。唇薄，光滑，下唇较狭，唇后沟中断。口须1对，较长，末端伸达眼中部下方。鳃盖膜与峡部相连。体被中大圆鳞。侧线完全，平直。背鳍无硬刺，起点距吻端较距尾鳍基为近。臀鳍无硬刺，起点距腹鳍基与距尾鳍基相等。胸鳍下侧位，后端不伸达腹鳍。尾鳍分叉，上下叶约等长。体银灰色，背面正中线有时有8～10个小黑点。体侧中部具一银色纵带，带上具9～10个黑斑。为中下层小型鱼类，摄食水生昆虫、水蚯蚓、端足类、植物碎屑和藻类。江苏各地淡水水域均产；也见于除西部高原地区外的我国各主要水系。

实测特征

可数可量性状

测量标本数（尾）	5		
全长（mm）	/		
体长（标准长）(mm)	44～93		
头长（mm）	/		
体长/头长	3.9～4.2		
体长/体高	4.8～5.2	背鳍鳍条数	3，7
体长/尾柄长	/	臀鳍鳍条数	3，6
体长/尾柄高	/	胸鳍鳍条数	1，15～16
尾柄长/尾柄高	1.8～2.4	腹鳍鳍条数	1，7
头长/头高	/	侧线鳞数	39～42
头长/眼径	2.8～3.2	腹棱	无腹棱

注：引自《太湖鱼类志》(倪勇和朱成德，2005)。

45 亮银鮈 *Squalidus nitens*（Günther）

地方名：西湖银鮈

文献记载

Gobio nitens：Cat. Fish. Br. Mus.（Günther，1868）。

Gobio sihuensis：Fish. West Lake（西湖鱼类志）(Chu（朱元鼎），1932）。

西湖颌须鮈 *Gnathopogon sihuensis*：中国鲤科鱼类志（下卷）(罗云林、乐佩琦、陈宜瑜，1977）；江苏淡水鱼类（江苏省淡水水产研究所等，1987）；山东鱼类志（杨青，1997）。

西湖银鮈 *Squalidus sihuensis*：上海鱼类志（王幼槐，1990）。

亮银鮈 *Squalidus nitens*：水生生物学报（乐佩琦，1995）；中国动物志·硬骨鱼纲·鲤形目（中卷）(乐佩琦，1998）。

亮银鮈 *Squalidus nitens*

基本特征

体延长，稍侧扁；腹部圆，无腹棱，尾柄细长。头中大，头后背部稍隆起，头长大于体高。吻短，近锥形。眼较大，上侧位。口近端位。唇薄，简单。口角须1对。鳃盖膜与峡部相连。体被中大圆鳞。侧线完全，平直。背鳍短小，无硬刺，臀鳍短，起点距腹鳍基与距尾鳍基约相等。胸鳍短，下侧位，末端不伸达腹鳍起点。腹鳍位于背鳍起点稍后下方。尾鳍分叉，上下叶等长。头背部有一黑斑，体侧具1条黑色纵纹，其上具1列深黑斑点。背鳍和尾鳍各有2～3行小黑点组成的横条纹。背鳍基部黑色，其他各鳍淡色。生活于湖泊沿岸、湖湾和河川底层，以水生昆虫、水蚯蚓、端足类为主，兼食部分植物碎屑。江苏各地均有产；也见于我国长江和钱塘江水系中下游及其附属湖泊。

实测特征

可数可量性状

测量标本数（尾）	10		
全长（mm）	/		
体长（标准长）（mm）	45.6～70.8		
头长（mm）	/		
体长/头长	3.5～4.0		
体长/体高	3.8～4.1	背鳍鳍条数	3，7
体长/尾柄长	/	臀鳍鳍条数	3，6
体长/尾柄高	/	胸鳍鳍条数	1，13～14
尾柄长/尾柄高	1.6～1.8	腹鳍鳍条数	1，7
头长/头高	/	侧线鳞数	34～35
头长/眼径	2.9～3.3	腹棱	无腹棱

注：引自《太湖鱼类志》（倪勇和朱成德，2005）。

46 点纹银鮈 *Squalidus wolterstorffi* (Regan)

文献记载

Gibio wolterstorffi：Ann. Mas. Nat. Hist.（Regan，1908）。

点纹颌须鮈 *Gnathopogon wolterstorffi*：江苏淡水鱼类（江苏省淡水水产研究所等，1987）。

点纹颌须鱼 *Gnathopogon wolterstorffi*：浙江动物志·淡水鱼类（毛节荣，1911）。

点纹银鮈 *Squalidus wolterstorffi*：水生生物学报（乐佩琦，1995）；山东鱼类志（杨青，1997）。

点纹银鮈 *Squalidus wolterstorffi*

基本特征

体延长，略侧扁，腹部圆，无腹棱。头中大，头背部隆起。吻短，近锥形。口亚下位，上颌略长于下颌。口角须1对，须末端伸越眼中部下方。鳃盖膜与峡部相连。体被中大圆鳞。侧线完全，较平直。背鳍短，无硬刺，起点距吻端较距尾鳍基为近。臀鳍短，距腹鳍基与距尾鳍基约相等，胸鳍下侧位，末端不达腹鳍起点。腹鳍较短，后端几达肛门。尾鳍分叉，上下叶等长。体背部和体侧上半部暗色，体侧上半部和腹部浅白色。体侧中线上方具1条黑色纵纹，其上具1列暗斑。侧线鳞均具一黑点，被侧线管分成横八字形，上下各半。背、尾鳍较深色，臀鳍和偶鳍灰白色。江苏各地淡水水域均产；我国见于黄河、长江、钱塘江、闽江、珠江等水系。

实测特征

可数可量性状

测量标本数（尾）	7		
全长（mm）	/		
体长（标准长）(mm）	53～79		
体长/头长	4.0～4.6	背鳍鳍条数	3，7
体长/体高	4.0～4.5	臀鳍鳍条数	3，6
体长/尾柄长	/	胸鳍鳍条数	1，13～15
体长/尾柄高	/	腹鳍鳍条数	1，7
尾柄长/尾柄高	1.8～2.0	侧线鳞数	33～35
头长/眼径	3.2～3.5	腹棱	无腹棱

注：引自《太湖鱼类志》(倪勇和朱成德，2005)。

鱊亚科 Acheilognathinae

体高而侧扁，略呈卵圆形或菱形，腹部无腹棱。头短小，吻短钝。口小，端位或前下位。口角无须或有须。眼中大，近吻端。鳃盖膜与峡部相连。鳃耙细小。下咽齿1行，5/5，齿侧面光滑或具锯纹。体被圆鳞。侧线完全或不完全。背鳍和臀鳍具3根不分支鳍条，有时呈刺状，鳍基较长，上下大部分相对；背鳍具7～18根分支鳍条，臀鳍具7～15根分支鳍条。胸鳍下侧位。腹鳍起点位于背鳍前点稍前方或与之相对。尾鳍分叉。鳔2室，后室大于前室。

本亚科鱼类两性特征区别明显，繁殖方式与其他亚科鱼类不同。繁殖季节，雄鱼体色绚丽多彩，吻部具珠星；雌鱼色彩暗淡，具产卵管，卵通过产卵管排入贝类的鳃瓣间或外套腔中，直至孵化成幼鱼才离开蚌体，生殖过后产卵管逐渐萎缩。体侧有绚丽发亮的纵行彩虹带，其带的粗细长短既显示性别特征又有种级特征。为生活于江河、湖泊、水库和池塘等淡水水体的小型鱼类，分布较广，经济价值较低或无。

本亚科产洪泽湖有2属8种。

属的检索表

1（2）侧线完全 ································· 鱊属 *Acheilognathus*

2（1）侧线不完全 ································· 鳑鲏属 *Rhodeus*

鱊属 *Acheilognathus* Bleeker，1859

Acheilognathus：Nat. Tijd. Ned. Indie.（Bleeker，1859）

Type-species（模式种）： *Acheilognathus melanogaster* Bleeker，1860 .

Acanthorhodeus：Verh. Akad.Amsterdam.（Bleeker，1871）

Type-species（模式种）： *Acanthorhodeus macropterus* Bleeker，1871.

体高而侧扁，呈长椭圆形，腹部无腹棱。口小，端位或前下位。口角具须1对或无须。体被圆鳞。侧线完全。背鳍和臀鳍末根不分支鳍条较粗，呈硬刺状，后缘光滑。背鳍起点约位于体中部。臀鳍起点后于背鳍起点，基底与背鳍基底相对。腹鳍起点位于背鳍起点下方或稍前下方。肛门位于腹鳍基部和臀鳍起点之间。下咽齿1行，5/5，齿侧锯纹有或无。鳔2室，前室短于后室。本属鱼类为鱊亚科鱼类中个体最大的种类。

本属产洪泽湖有5种。

种的检索表

1（2）背鳍和臀鳍末根不分支鳍条较粗，呈刺状

2（3）背鳍分支鳍条15～18；臀鳍分支鳍条12～13 ······ 大鳍鱊 *A. macropterus*

3（2）背鳍分支鳍条15以下；臀鳍分支鳍条12以下

4（6）口角无须

5（7）臀鳍分支鳍条9～11；鳃耙14～18 ··············· 兴凯鱊 *A.chankaensis*

6（4）口角具须1对

7（5）口亚上位，稍斜裂；背、臀鳍第二不分支鳍条及其鳍膜不呈黑色

8（9）体长为体高的1.8～2.4倍 ······························ 越南鱊 *A. tonkinensis*

9（8）体长为体高的2.5～3.2倍 ······························ 短须鱊 *A. barbatulus*

10（1）背鳍和臀鳍不分支鳍条较细，不呈刺状；口角无须；背鳍起点约与腹鳍起点相对 ································· 彩鱊 *A. imberbis*

47 大鳍鱊 *Acheilognathus macropterus* (Bleeker)

地方名：菜板鱼

文献记载

Acanthorhodeus macropterus：Verh. Akad. Amst.（Bleeker，1871）。

Acanthorhodeus guichenoti：Verh. Akad. Amst.（Bleeker，1871）。

Ark. Zool：J. Shanghai Sci. Inst.（Kimura，1934）。

Acanthorhodeus taenianalis：Ann. Mag. Nat. Hist.（Günther，1873）。

大鳍刺鳑鲏 *Acanthorhodeus macropterus*：中国鲤科鱼类志（吴清江，1964）。

臀点鳑鲏 *Acanthorhodeus taenianalis*：中国系统鲤类志（张春霖，1959）。

斑条刺鳑鲏 *Acanthorhodeus taenianalis*：洪泽湖渔业史（王玉纲等，1986）。

大鳍鱊 *Acheilognathus macropterus*：上海鱼类志（王幼槐，1990）。

大鳍鱊 *Acheilognathus macropterus*

基本特征

体侧扁，近卵圆形，腹部无腹棱。头小。吻短，吻长短于眼径。眼中大。口小，亚下位。下颌前端水平线位于眼下缘，上颌骨末端伸达鼻孔后缘下方。口角须1对，突起状或缺失。鳃孔大。鳃盖膜与峡部相连。背鳍和臀鳍不分支鳍条骨化成硬刺状，背鳍位居体中央，或距吻端距离与距尾鳍基距离稍近。臀鳍起点与背鳍基中部相对，臀鳍基底短于背鳍基底，长于尾柄长。胸鳍下侧位，末端不伸达腹鳍起点。腹鳍起点前于背鳍起点，末端不伸达臀鳍起点。尾鳍叉形，末端尖。繁殖期雄鱼婚姻色明显，沿尾柄有蓝色纵带纹。鳃盖后缘具蓝绿色的斑点。雄鱼吻部及眼眶前上缘珠星明显，乳白色。雌鱼具产卵管。江苏省江河、湖泊、水库等各种水域中均产；广泛分布于我国黑龙江、黄河、长江、珠江等各大水系。

实测特征

可数可量性状

测量标本数（尾）	5		
全长（mm）	/		
体长（标准长）（mm）	38.5～120		
头长（mm）	/		
体长/头长	3.9～4.4		
体长/体高	2.2～2.3	背鳍鳍条数	3，17～18
体长/尾柄长	/	臀鳍鳍条数	3，13～14
体长/尾柄高	/	胸鳍鳍条数	1，14～15
尾柄长/尾柄高	1.2～1.5	腹鳍鳍条数	1，7
头长/头高	/	侧线鳞数	$34\frac{5.5}{5\text{-}V}35$
头长/眼径	3.1～3.4	腹棱	无腹棱

注：引自《太湖鱼类志》（倪勇和朱成德，2005）。

48 兴凯鱊 *Acheilognathus chankaensis*（Dybowsky）

地方名：菜板鱼

文献记载

Devario chankaensis：Verh. Zool. –bot. Ges. Wien.（Dybowsky，1872）。

Acanthorhodeus atranalis：Ann. Mag. Nat. Hist.（Günther，1873）；Fish. Ex per. Stat.（Lin，1931）；Contr Biol. Lab. Sci. China（Miao，1934）。

刺鳑鲏 *Acanthorhodeus atranalis*：水生生物学集刊（伍献文，1962）。

兴凯刺鳑鲏 *Acanthorhodeus chankaensis*：中国鲤科鱼类志（吴清江，1964）；长江鱼类（中国科学院水生生物研究所，1976）；海洋湖沼研究文集（王玉纲等，1986）；江苏淡水鱼类（江苏省淡水水产研究所等，1987）。

兴凯鱊 *Acheilognathus chankaensis*：上海鱼类志（王幼槐，1990）；山东鱼类志（王金星，1997）；中国动物志·硬骨鱼纲·鲤形目（林人端，1998）。

寡鳞刺鳑鲏 *Acanthorhodeus hypselonotus*：海洋湖沼研究文集（王玉纲等，1986）；江苏淡水鱼类（江苏省淡水水产研究所等，1987）。

兴凯鱊 *Acheilognathus chankaensis*

基本特征

体侧扁，长卵圆形，头小。吻短钝，吻长小于眼径。口小，端位。口角无须。眼中大，上侧位。鳃孔大。鳃盖膜与峡部相连。体被圆鳞。侧线完全，较平直，行于体侧中部。背鳍和臀鳍末根不分支鳍条骨化呈硬刺。背鳍起点约位于体中央。臀鳍起点位于背鳍第六分支鳍条下方。胸鳍下侧位，末端伸达（♂）或不伸达（♀）腹鳍起点。腹鳍起点位于背鳍起点前下方，末端伸达（♂）或不伸达（♀）臀鳍起点。尾鳍浅分叉。鳃耙细密。江苏省各类淡水水体中均产；广泛分布于我国黑龙江、黄河、长江、珠江等水系。

实测特征

可数可量性状

测量标本数（尾）	5		
全长（mm）	/		
体长（标准长）（mm）	59～86.7		
体长/头长	4.1～4.5		

（续）

体长/体高	2.3～2.6	背鳍鳍条数	3，12～14
体长/尾柄长	/	臀鳍鳍条数	3，9～12
体长/尾柄高	/	胸鳍鳍条数	1，14～15
尾柄长/尾柄高	1.2～1.6	腹鳍鳍条数	1，6～7
头长/眼径	2.6～3.5	侧线鳞数	32～36

注：引自《太湖鱼类志》（倪勇和朱成德，2005）。

49 越南鱊 *Acheilognathus tonkinensis*（Vaillant）

地方名：菜板鱼

文献记载

Acanthorhodeus tonkinensis：Bull. Soc. Philom. Paris（Vaillant，1892）；Thèses Univ. Paris（Tchang，1930）。

Acanthorhodeus robustus：Vest. Zool.（Holcik，1972）。

越南刺鳑鲏 *Acanthorhodeus tonkinensis*：中国鲤科鱼类志（吴清江，1964）；长江鱼类（中国科学院水生生物研究所，1976）；海洋湖沼研究文集（王玉纲等，1986）。

越南鱊 *Acheilognathus tonkinensis*：上海鱼类志（王幼槐，1990）；山东鱼类志（王金星，1997）；中国动物志·硬骨鱼纲·鲤形目（林人端，1998）。

越南鱊 *Acheilognathus tonkinensis*

基本特征

体高而侧扁，头后背部显著隆起，背缘薄，腹缘厚而平直。头小。吻短。眼中大，上侧位。口裂小，呈马蹄形，亚下位。口角具须1对，其长约为眼径的1/2或更短。鳃孔大。鳃盖膜与峡部相连。体被圆鳞。侧线完全，广弧形下弯，后部行于尾柄中央。背鳍和臀鳍末根不分支鳍条骨化成硬刺。背鳍起点约在吻端和尾鳍基中部或近吻端。腹鳍基部和背鳍起点在一个垂直线上或略有重叠。臀鳍起点和背鳍第四至第六分支鳍条相对。腹鳍下侧位，起点位于背鳍起点正下方或稍前，末端几伸达臀鳍起点。尾鳍分叉。江苏省各主要淡水水域均产；分布于我国元江、珠江、闽江、钱塘江、长江、淮河和黄河等水系。

实测特征

可数可量性状

测量标本数（尾）	6		
全长（mm）	/		
体长（标准长）（mm）	68.2～86.2		
头长（mm）	/		
体长/头长	3.5～4.0		
体长/体高	1.8～2.4	背鳍鳍条数	3，12
体长/尾柄长	/	臀鳍鳍条数	3，10
体长/尾柄高	/	胸鳍鳍条数	1，13～15
尾柄长/尾柄高	1.1～1.6	腹鳍鳍条数	1，7
		侧线鳞数	36～37
头长/眼径	3.2～3.8	腹棱	无腹棱

注：引自《太湖鱼类志》（倪勇和朱成德，2005）。

50 短须鱊 *Acheilognathus barbatulus*（Günther）

地方名：菜板鱼

文献记载

Acheilognathus barbatulus：Am. Mag.Nat. Hist.（Günther，1873）；J. Shanghai Sci.

Inst.（Kimura，1934）。

短须刺鳑鲏 *Acanthorhodeus barbatulus*：中国鲤科鱼类志·上卷（吴清江，1964）；江苏淡水鱼类（江苏省淡水水产研究所等，1987）；浙江动物志·淡水鱼类（徐寿山，1991）。

白河刺鳑鲏 *Acanthorhodeus peihoensis*：中国鲤科鲤类志（吴清江，1964）；长江鱼类（中国科学院水生生物研究所，1976）；江苏淡水鱼类（江苏省淡水水产研究所等，1987）。

短须鱊 *Acheilognathus barbatulus*：上海鱼类志（王幼槐，1990）；山东鱼类志（王金星，1997）；中国动物志·硬骨鱼纲·鲤形目（林人端，1998）。

白河鱊 *Acheilognathus peihoensis*：洪泽湖（朱松泉、魏绍芬等，1993）。

短须鱊 *Acheilognathus barbatulus* Günther

基本特征

体稍长，侧扁，长卵圆形，背缘薄而稍突起，腹缘较平直。头小。吻短，短于眼径。眼中大，上侧位。口小，马蹄形，稍下位。口角具须1对，须长短于眼径。鳃孔大。鳃盖膜与峡部相连。体被圆鳞。侧线完全，浅弧形下弯，后部行于尾柄中央。背鳍和臀鳍末根不分支鳍条骨化成硬刺。背鳍位于吻端和尾柄基之间或略近后者。臀鳍起点与背鳍第五至第六分支鳍条相对。胸鳍下侧位，末端不伸达腹鳍起点。腹鳍位于背鳍之前下方，位于胸鳍基部和臀鳍起点中部或稍近于臀鳍。江苏省各水域均产；广泛分布于我国黄河、长江、珠江等水系。

实测特征

可数可量性状

测量标本数（尾）	7		
全长（mm）	/		
体长（标准长）（mm）	58.3～74		
头长（mm）	/		
体长/头长	3.5～4.5		
体长/体高	2.7～2.9	背鳍鳍条数	3，12～13
体长/尾柄长	/	臀鳍鳍条数	3，9～11
体长/尾柄高	/	胸鳍鳍条数	1，13～15
尾柄长/尾柄高	1.5～1.8	腹鳍鳍条数	1，6～7
头长/头高	/	侧线鳞数	32～34
头长/眼径	2.7～3.4	腹棱	无腹棱

注：引自《太湖鱼类志》（倪勇和朱成德，2005）。

51 彩鱊 *Acheilognathus imberbis*（Günther）

地方名：菜板鱼

文献记载

Acheilognathus imberbis：Cat. Fish. Br. Mus.（Günther，1868）。

Paracheilognathus imberbis：Mem. Asiatic. Soc. Bengal（Fowler，1924）；Bull. Fan Mem. Inst. Biol.（Shaw，1930）。

彩副鱊 *Paracheilognathus imberbis*：上海鱼类志（王幼槐，1990）；山东鱼类志（王金星，1997）；中国动物志·硬骨鱼纲·鲤形目（林人端，1998）。

基本特征

体稍长，侧扁，似纺锤形。头小，较长，头长大于头高。吻短。眼中大，上侧位，眼径大于吻长，小于眼间隔。口小，端位，口裂略斜。口角无须，或有短突状须。鳃孔大。鳃盖膜与峡部相连。体被圆鳞，背鳞前鳞半数以上呈棱脊。侧线完全，较平直，行至背鳍下方与体侧中部纵带纹并行。背鳍和臀鳍末根不分支鳍条较细，不骨化成硬刺状，

彩鱊 *Acheilognathus imberbis*

第二根不分支鳍条较长，稍短或相当于末根不分支鳍条，背鳍前距稍短于背鳍后距，背鳍起点与腹鳍起点相对。臀鳍起点约相对于背鳍中点。胸鳍下侧位，末端不伸达腹鳍起点，尾鳍呈深叉形。雄鱼在生殖季节，雌鱼具产卵管；雄鱼吻部具白色珠星，臀鳍粉红色，镶白边，腹面及腹鳍呈红褐色，边缘白色，背鳍粉红色。江苏省的江河湖泊均有分布；亦见于我国黄河、长江、钱塘江水系的支流及附属湖泊。

实测特征

可数可量性状

测量标本数（尾）	5		
全长（mm）	/		
体长（标准长）(mm)	37～56		
头长（mm）	/		
体长/头长	4.0～4.3		
体长/体高	2.9～3.5	背鳍鳍条数	3，8～9
体长/尾柄长	/	臀鳍鳍条数	3，9
体长/尾柄高	/	胸鳍鳍条数	1，13
尾柄长/尾柄高	1.9～2.2	腹鳍鳍条数	1，7
头长/头高	/	侧线鳞数	$35\frac{6}{3\text{-}V}39$
头长/眼径	2.9～3.8	腹棱	无腹棱

注：引自《太湖鱼类志》（倪勇和朱成德，2005）。

鳑鲏属 *Rhodeus* Agassiz，1832

Rhodeus：Proc. Calif. Acad. Sci.（Agassiz，1832）

Type-species（模式种）: *Cyprinus amarus* Bloch，1782.

Pseudoperilampus：Ned. Tijd. Dierk.（Bleeker，1863）

Type-species（模式种）: *Pseudoperilampus typus* Bleeker，1863.

体侧扁而高，卵圆形或近长圆形。头短小。吻短钝口小，前位或亚前位。无后角须。眼中大，上侧位。鳃耙6～14，短小。下咽齿1行5/5。齿侧面锯纹有或无，体被中大圆鳞。侧线不完全，侧线鳞不超过10枚。背鳍和臀鳍末根分支鳍条细弱，不骨化成硬刺。背鳍具8～12分支鳍条，臀鳍具8～15分支鳍条。鳔2室，后室较长。

本属产洪泽湖有3种。

种的检索表

1（2）体侧中央纵带纹向前延伸至背鳍起点前方；雄鱼胸腹部黑色 ………… 方氏鳑鲏 *R. fangi*

2（1）体侧中央纵带纹向前延伸至背鳍起点后方

3（4）腮盖后上方肩斑不明显，呈云斑状；雄鱼胸腹部红色；腮耙12～16；消化道较长，为体长的3.6～7.2倍 ………… 高体鳑鲏 *R. ocellatus*

4（3）腮盖后上方肩斑明显，呈圆点状；雄鱼胸腹部黄色；腮耙6～8；消化道较短，为体长的1.0～1.6倍 ………… 中华鳑鲏 *R. sinensis*

52 中华鳑鲏 *Rhodeus sinensis*（Günther）

地方名：菜板鱼、簸箕鱼

文献记载

Rhodeus sinensis：Cat. Fish. Br. Mus.（Günther，1868）；Jap. Ichthyol. Res.（Akai and Arai，1998）。

Pseudoperilampus lighti：Contr. Biol. Lab. Sci. Soc. China（伍献文，1931）；Contr. Biol. Lab. Sci. Soc.（Miao，1934）。

Rhodeus sinensis：南中国之鲤鱼及似鲤鱼类之研究（Lin，1931）。

Rhodeus rwankinfui：Contr. Biol. Lab. Sci. Soc.（Miao，1934）。

中华鳑鲏 *Rhodeus sinensis*：中国鲤科鱼类（吴清江，1964）；江苏淡水鱼类（江苏省淡水水产研究所等，1987）；上海鱼类志（王幼槐，1990）。

彩石鲋 *Pseudoperilampus lighti*：中国鲤科鱼类志（吴清江，1964）；海洋湖沼研究文集（王玉纲等，1986）；江苏淡水鱼类（江苏省淡水水产研究所等，1987）。

彩石鳑鲏 *Rhodeus lighti*：上海鱼类志（王幼槐，1990）；山东鱼类志（王金星，1997）。

高体鳑鲏 *Rhodeus ocellatus*（部分）：中国动物志·硬骨鱼纲·鲤形目（林人端，1998）。

中华鳑鲏 *Rhodeus sinensis*

基本特征

体侧扁，似卵圆形。头短小，吻短而钝，吻长短于眼径。眼中大，侧上位。眼间隔圆突，大于眼径。口小，端位。口角无须。鳃孔大，鳃盖膜与峡部相连。体被中大圆鳞。侧线不完全，仅前面3～6鳞具侧线管。背鳍和臀鳍最后不分支鳍条基部较硬，端部柔软。背鳍起点位于吻端与尾鳍基中部，一般距尾鳍基为近。背鳍基底长短于背鳍基底末至尾鳍基距离。臀鳍起点位于背鳍第四分支鳍条下方。胸鳍下侧位，末端伸达（♀）或（♂）腹鳍。腹鳍起点位于背鳍起点前下方，末端伸达臀鳍起点。尾鳍浅分叉。鳃耙短，似三角形，排列稀疏。雌雄鱼体侧具银蓝色纵带纹，向前伸至背鳍起点后方，其宽雄鱼大于雌鱼。雌雄鱼鳃孔后上方均具一明显银蓝色小点，其后约2鳞处具一垂直暗色云纹。背鳍前部2～4分支鳍条近基部雌鱼有黑斑，其余部分浅黄色。雄鱼背鳍无黑斑，大部分鳍条上缘橙红色，其余部分暗灰色。臀鳍黄色，雄鱼其下缘具1条较宽的外黑内橘黄色纵纹，个别雌鱼其下缘亦具很细的黑纵纹。胸鳍和腹鳍黄色，雄鱼腹鳍后缘黑色。尾鳍中部有1条橙红色细纵纹。江苏省各地淡水水域均产；亦分布于我国黄河、长江、闽江、珠江等水系。

实测特征

可数可量性状

测量标本数（尾）	15		
全长（mm）	/		
体长（标准长）（mm）	37.2～56.0		
头长（mm）	/		
体长/头长	3.5～3.9	背鳍鳍条数	3，9～10
体长/体高	2.3～2.5	臀鳍鳍条数	3，10
体长/尾柄长	/	胸鳍鳍条数	1，10～12
体长/尾柄高	/	腹鳍鳍条数	1，6～7
尾柄长/尾柄高	1.3～1.4	侧线鳞数	3～4（4）
头长/眼径	3.1～3.8	腹棱	无腹棱

注：引自《太湖鱼类志》（倪勇和朱成德，2005）。

53 高体鳑鲏 *Rhodeus ocellatus*（Kner）

地方名：菜板鱼、簸箕鱼

文献记载

Pseudoperilampus ocellatus：Sitzungsber. Akdd. Wiss. Wien.（Kner，1866）；Contr. Biol. Lab. Sci. Soc.（Tchang，1928）。

Rhodeus ocellatus：Verh. Akad. Amst.（Bleeker，1871）；Fish. Ex per. Stat.（Lin，1931）。

Rhodeus pingi：Contr. biol. Lab. Sci. Soc.（Miao，1934）。

石鲋 *Pseudoperilampus ocellatus*：中国系统鲤类志（张春霖，1959）。

高体鳑鲏 *Rhodeus ocellatus*：长江鱼类（中国科学院水生生物研究所，1976）；海洋湖沼研究文集（王玉纲等，1986）；江苏淡水鱼类（江苏省淡水水产研究所等，1987）。

点纹鳑鲏 *Rhodeus ocellatus*：洪泽湖（朱松泉、魏绍芬等，1993）。

高体鳑鲏 *Rhodeus ocellatus*

基本特征

体高而侧扁，卵圆形。头小，头后背部显著隆起。吻短而钝，其长短于眼径。眼中大，上侧位。眼间隔宽平，其宽大于眼径。口小，端位。口角无须。鳃孔较大。鳃盖膜与峡部相连。体被中大圆鳞。侧线不完全，仅前面3～6鳞具侧线管。背鳍和臀鳍末根不分支鳍条基部刺状，端部柔软。背鳍起点位于吻端和尾鳍基之中部，大多数个体略靠近吻端。臀鳍起点位于背鳍基之下方。胸鳍下侧位，末端伸达或超过腹鳍起点。腹鳍位于背鳍之前下方，尾鳍叉形。繁殖季节的雄鱼体色绚丽，鳃盖后上方有虹彩之斑，尾柄纵带纹浅蓝色，背鳍起点前缘金黄色，眼虹膜上半圈红色呈充血状。背鳍的前外缘臀鳍及尾鳍中央部分红色，臀鳍外缘具很狭的黑边，吻端、眼眶骨处具珠星。鳃盖后上方雌雄鱼均无银蓝色斑点，而具2条垂直暗色云纹。雌鱼背鳍鳍条前部成体无黑斑，幼体具黑斑，产卵管呈粉红色。江苏省各类淡水水体中均产；分布于我国黄河、长江、闽江、珠江等水系。

实测特征

可数可量性状

测量标本数（尾）	4		
全长（mm）	/		
体长（标准长）（mm）	26.6～41.3		
头长（mm）	/		
体长/头长	3.8～4.2	背鳍鳍条数	3，12
体长/体高	2.0～2.4	臀鳍鳍条数	3，11～12
体长/尾柄长	/	胸鳍鳍条数	1，10～12
体长/尾柄高	/	腹鳍鳍条数	1，6
尾柄长/尾柄高	1.2～1.7	侧线鳞数	5
头长/眼径	3.4～3.9	腹棱	无腹棱

注：引自《太湖鱼类志》（倪勇和朱成德，2005）。

54 方氏鳑鲏 *Rhodeus fangi*（Miao）

地方名：菜板鱼、簸箕鱼

文献记载

Parahodeus fangi：Contr. Biol. Lab. Sci. Soc.（Miao，1934）。

Rhodeus atremius：Thèses Univ. Paris（Tchang，1930）。

方氏副鳑鲏 *Pararhodeus fangi*：鱼类分类学（王以康，1958）；中国鲤科鱼类志（上卷）（吴清江，1964）；江苏淡水鱼类（江苏省淡水水产研究所等，1987）。

方氏鳑鲏 *Rhodeus fangi*：中国动物志·硬骨鱼纲·鲤形目（林人端，1998）；海洋渔业（陈校辉、倪勇、朱成德、伍汉霖，2005）。

基本特征

体侧扁，似纺锤形。吻长短于眼径。眼中大，近于头中部。眼间隔宽，微突。口小，端位。口角无须。鳃孔大，前伸至眼后缘下方。鳃盖膜与峡部相连。体被中大圆鳞。侧线不完全，仅前部4～5鳞有侧线管。背鳍和臀鳍的末根不分支鳍条骨化成硬刺状，第二

方氏鳑鲏 *Rhodeus fangi*

根不分支鳍条约为末根不分支鳍条的1/2～2/3长。背鳍起点位居吻端和尾鳍基中央或略近于前者。臀鳍起点位于背鳍倒数第三至第四分支鳍条下方。腹鳍位于背鳍起点之前，其基底与背鳍起点相对或相距1～2鳞片。胸鳍下侧位，末端超过或刚达腹鳍起点。尾鳍叉形。生活时体侧银灰色，部分雄鱼胸、腹部为黑色，雌鱼为浅黄色。体侧鳞后缘黑色。雌雄鱼体侧具银蓝色纵带纹，向前延伸超过背鳍起点，其宽度一般雄鱼大于雌鱼。雄鱼在鳃孔后上方常具一明显蓝黑斑点，其后2～3鳞处具1个较大银蓝色垂直云纹，雌鱼无此斑及云纹。背鳍前部鳍条上雌鱼具一黑斑，雄鱼无斑。在繁殖季节，雄鱼口缘红色，雌鱼无色；雌鱼背鳍浅黄色，雄鱼前半部鳍条上缘红色，后部和下部暗色，鳍中部具二纵列暗黑点；雄鱼臀鳍浅黄色，外缘具一不显著外黑内橘黄色细纹，其余浅黄色；雌鱼腹鳍浅黄色，部分雄鱼黑色。雌雄鱼胸鳍和尾鳍浅黄色；雄鱼吻部和眼眶骨具珠星，雌鱼具产卵管。江苏各类淡水水域均产；亦分布于我国黑龙江、黄河、长江、珠江等水系。

实测特征

可数可量性状

测量标本数（尾）	4		
全长（mm）	/		
体长（标准长）（mm）	32～40		
头长（mm）	/		
体长/头长	3.6～4.1	背鳍鳍条数	3，9～10

（续）

体长/体高	2.4～2.8	臀鳍鳍条数	3，9～11
体长/尾柄长	/	胸鳍鳍条数	1，10～11
体长/尾柄高	/	腹鳍鳍条数	1，6
尾柄长/尾柄高	1.2～1.5	侧线鳞数	3～6
头长/眼径	2.8～3.5	腹棱	无腹棱

注：引自《太湖鱼类志》(倪勇和朱成德，2005)。

鲤亚科
Cyprininae

体延长，呈纺锤形，侧扁，腹部圆，无腹棱。头中大或短小。吻圆钝。眼中大，上侧位。口一般亚下位，部分端位或口上位。唇简单，上、下唇紧包于上、下颌外表，唇后沟在颏部中断。须2对、1对或无。鳃孔大。鳃盖膜与峡部相连。体被圆鳞。侧线完全。背鳍基部长，具4不分支鳍条、8～22分支鳍条，末根不分支鳍条为硬刺，后缘具锯齿。臀鳍具3不分支鳍条、5分支鳍条，末根不分支鳍条为硬刺，后缘常具锯齿。尾鳍分叉。肛门紧位臀鳍起点前方。

本亚科产洪泽湖有2属。

属的检索表

1（2）下咽齿3行（3·1·1/1·1·3），臼齿状；通常具须 ………… 鲤属 *Cyprinus*

2（1）下咽齿1行（4/4），侧扁；无须 ……………………………… 鲫属 *Carassius*

鲤属 *Cyprinus* Linnaeus，1758

Cyprinus：Syst. Nat.（Linnaeus，1758）

Type-species（模式种）：*Cyprinus carpio* Linnaeus，1758.

Mesocyprinus：*sinensia*（方炳文，1936）

Type-species（模式种）：*Mesocyprinus micristius* Fang，1936.

下咽齿3行，近臼齿状，齿冠具沟纹；第1行具1枚咽齿，光滑圆锥状。须一般2对，少数1对或无。其余特征同亚科。

本属产洪泽湖有1种。

55 鲤 *Cyprinus carpio* (Linnaeus)

地方名：鲤鱼、鲤拐子

文献记载

Cyprinus carpio：Syst. Nat.（Linnaeus，1758）；Contr. Biol. Lab.（Tchang，1928）；Ark. Zool.（Rendahl，1928）。

鲤 *Cyprinus carpio*：中国系统鲤类志（张春霖，1959）；长江鱼类（中国科学院水生生物研究所，1976）；洪泽湖渔业史（《洪泽湖渔业史》编写组，1990）。

鲤鱼 *Cyprinus carpio*：海洋湖沼研究文集（王玉纲等，1986）；江苏淡水鱼类（江苏省淡水水产研究所等，1987）；浙江动物志·淡水鱼类（徐寿山，1991）。

鲤 *Cyprinus carpio*

基本特征

体延长，侧扁，背面隆起，腹部圆。头中大，侧扁。吻长而钝，吻长约为眼径的2倍。眼较小，上侧位。口亚下位，上颌稍长于下颌，上颌骨后端伸达鼻前缘下方。须2对，吻须长约为颌须长的一半。鳃盖膜与峡部相连。体被中大圆鳞。侧线完全，较平直，行于体侧中央。背鳍和臀鳍的不分支鳍条均骨化成硬刺，最后1根刺后缘均具锯齿状缺刻。背鳍始于腹鳍基稍前上方，基底较长。臀鳍基短，始于背鳍后部鳍条下方。胸鳍下侧位，后端不伸达腹鳍基。腹鳍后端不伸达肛门。尾鳍叉形。体背部暗黑色，体侧暗黄色，腹面黄白色。尾鳍下叶橘红色，胸鳍、腹鳍和臀鳍黄色。江苏省南北各淡水水体均产，广泛分布于我国各大水系。

实测特征

可数可量性状

测量标本数（尾）	5		
全长（mm）	338～457		
体长（标准长）（mm）	280～379		
头长（mm）	70.6～88.6		
体长/头长	3.7～4.8		
体长/体高	3.2～3.8	背鳍鳍条数	4，17～18
体长/尾柄长	7.5～9.8	臀鳍鳍条数	3，5
体长/尾柄高	7.8～8.8	胸鳍鳍条数	1，16～17
尾柄长/尾柄高	0.8～1.2	腹鳍鳍条数	1，8～9
头长/头高	1.1～1.2	侧线鳞数	33～35
头长/眼径	5.5～6.5	腹棱	无腹棱

注：以上样品2023年采自洪泽湖。

鲫属 *Carassius* Nilsson，1832

Carassius：Prodromus Ichth. yol. Scand.（Nilsson，1832）

Type-species： *Cyprinus carassius* Linnaeus，1758.

Cyprinopsis：Beitr. Landesk. Oesterreich.（Fitzinger，1832）

Type-species： *Cyprinus carassius* Linnaeus，1758.

身体延长，高度较高且侧扁，腹部呈圆形，无腹棱，尾柄短而高。头部较小，吻部圆钝。上下颌长度相近，无须。眼间距较宽并微微隆起。侧线完全，直线或稍微弯曲，侧线鳞27～35。背鳍和臀鳍末端无分叉，鳍条比较硬且后缘具有锯齿状结构，背鳍的基底较长。下颌有一行铲状的侧扁齿，共4颗，上下颌各2颗。鳔2室，后室较大。腹膜呈黑色。

本属产洪泽湖有1种。

56 鲫 *Carassius auratus* (Linnaeus)

地方名：鲫鱼、河鲫鱼、板鲫

文献记载

Cyprinus auratus：Syst. Nat.（Linnaeus，1758）。

Carassius auratus：Verh. Akad. Amst.（Bleeker，1871）；Proc. U.S. Natl. Mus.（Fowler and Bean，1920）；Mem. Asiat. Soc. Bengal（Fowler，1924）；Proc. Calif. Acad. Sci（Evermann and Shaw，1927）；Contr. Biol. Lab. Sci. Soc. China（Tchang，1928）；Science（Tchang，1929）。

鲫 *Carassius auratus*：中国系统鲤类志（张春霖，1959）；长江鱼类（中国科学院水生生物研究所，1976）；水生生物学集刊（王幼槐，1979）；洪泽湖（朱松泉、魏绍芬等，1993）；中国鲤科鱼类志（下卷）（伍献文等，1977）。

鲫鱼 *Carassius auratus*：海洋湖沼研究文集（王玉纲等，1986）；江苏淡水鱼类（江苏省淡水水产研究所等，1987）；浙江动物志·淡水鱼类（徐寿山，1991）。

鲫 *Carassius auratus*

基本特征

体高侧扁，腹部圆，无腹棱，侧线完全，尾柄长短于尾柄高。头长小于体高。眼间隔宽而隆起，约为眼径的2倍以上。吻短钝，吻长约等于眼径。口端位，呈弧形，稍斜裂，无须。上颌略长于下颌。背鳍和臀鳍不分支，鳍条均骨化成硬刺，最后1根硬刺后缘均为锯齿状。背鳍起点距吻端较距尾基为近，基底较长。臀鳍始于背鳍后部鳍条下后，基底短。胸鳍下侧位，后端几伸达腹鳍基。腹鳍腹位，起点稍前于背鳍起点，后端不伸达肛门。下咽齿侧扁，齿冠有一道沟纹。鳔2室。肠较长，肠长为体长的2.4～4.0倍。体色背部灰黑，腹部灰白，各鳍灰色。广适性鱼类。深水、浅水、清水、浊水、流水、静水等均存在，喜欢栖息在水草丛生的浅水河湾湖汊中。生命力强，对各种环境有广泛的适应性。鲫为杂食性鱼类，不因冬季水温降低或生殖季节的生理变化而停止摄食。以水生植物与藻类为主，也食软体动物、摇蚊幼虫、水蚯蚓、虾等，还吃少量桡足类、枝角类和轮虫等。繁殖季节为4月下旬至7月上旬，5月份及水温20～26℃时是产卵盛期。鲫鱼能在静水环境中产卵，但在自然条件下，喜流水刺激。鲫属分批产卵型。卵黏性，淡黄色，稍透明。鲫生长较慢，个体不大，通常适应性强，是江苏省各天然水域自然增殖的主要鱼类。鲫是我国重要食用鱼类。肉味鲜美，营养丰富。江苏省各地淡水均产；广泛分布于我国除西部高原地区外的各大水系。

实测特征

可数可量性状

测量标本数（尾）	10		
全长（mm）	164～217		
体长（标准长）（mm）	134～170		
头长（mm）	31.3～44.7		
体长/头长	3.6～4.4		
体长/体高	2.2～2.4	背鳍鳍条数	3，17～18
体长/尾柄长	7.9～10.8	臀鳍鳍条数	3，5
体长/尾柄高	5.9～7.0	胸鳍鳍条数	1，14～15
尾柄长/尾柄高	0.6～0.8	腹鳍鳍条数	1，8
头长/头高	0.9～1.1	侧线鳞数	28～30
头长/眼径	3.5～5.6	腹棱	无腹棱

注：以上样品2023年采自洪泽湖。

鳅科 Cobitidae

中小型鱼类。体延长或稍延长，侧扁或呈圆筒形，尾柄侧扁或横剖面呈圆形，头中等大，口下位或亚下位，须3～5对，少数属的种类有鼻须1对，前后鼻孔靠拢。鳃盖膜连于峡部。体被细小圆鳞，或体前部裸露，后部被鳞；或全体裸露无鳞。少数种类颊部被鳞。各鳍均无硬刺；腹鳍腹位。有些种尾柄上、下侧有软鳍褶。尾鳍深分叉，圆形或截形。侧线完全、不完全或无侧线。

本科产洪泽湖有2亚科。

亚科的检索表

1（2）尾鳍深分叉；2对吻须聚生于吻端（个别例外）………… 沙鳅亚科 Botiinae
2（1）尾鳍内凹、圆形或截形；2对吻须分生于吻端 ………… 花鳅亚科 Cobitinae

沙鳅亚科 Botiinae

体长而侧扁；头侧扁；吻常较尖；尾鳍深分叉；体被细鳞，颊部有鳞或裸露；侧线完全；眼下刺分叉或不分叉；须3对或4对：吻须2对，颌须1对，颏须1对或为1对突起。颅顶具囟门（个别例外）。均为小型鱼类，数量少，经济价值低。

本亚科有3属，产洪泽湖有2属3种。

属的检索表

1（2）眼下刺不分叉 …………………………………………………… 薄鳅属 *Leptobotia*
2（1）眼下刺分叉 …………………………………………………… 副沙鳅属 *Parabotia*

薄鳅属 *Leptobotia* Bleeker，1870

Leptobotia：Versal. Meded. Wetensch.（Bleeker，1870）

Type-species（模式种）： *Batia elongata* Bleeker，1870.

颊部具鳞；眼下刺不分叉；颏下无突起或1对突起；颅顶囟门缺失；头长大于体长或与之相等，吻长短于眼后头长；眼位于头的前半部或中部。侧线完全，平直。腹鳍起点与背鳍基部起点相对或位于其后。

本属产洪泽湖有1种。

57 紫薄鳅 *Leptobotia taeniops*（Sauvage）

文献记载

Parabotia taeniops：Bull. Soc. Philom. Paris（Sauvage，1878）。

Botia purpurea：Amer. Mus. Nou.（Nichols，1925）。

紫薄鳅 *Leptobotia taeniops*：动物学研究（陈景星，1980）；洪泽湖（朱松泉、魏绍芬等，1993）。

紫薄鳅 *Leptobotia taeniops*

基本特征

体稍延长，侧扁，腹部平直，背部稍隆起。头短小，头部和体背部有多条虫型斑纹或横斑，背鳍有2行、尾鳍有2～3行斑点，其余鳍也有斑点。吻略尖，吻长明显短于眼后头长。前后鼻孔靠拢，仅为一鼻瓣分开。眼小，眼下刺不分叉。口下位，口裂深弧形。须3对：2对吻须，1对颌须，均较短；外吻须后伸至多达到口角，颌须末端达眼前缘的下方。鳃盖膜连于峡部。体被细圆鳞，胸峡部亦被鳞，隐于皮下。侧线完全，平直。尾鳍后缘深分叉，肛门位置略前。主要分布于长江中下游及其附属水体。

实测特征

可数可量性状

测量标本数（尾）	58		
全长（mm）	/		
体长（标准长）（mm）	49～117		
体长/头长	3.7～4.6		
体长/体高	4.0～4.8	背鳍鳍条数	3，8
体长/尾柄长	/	臀鳍鳍条数	2，5
体长/尾柄高	/	胸鳍鳍条数	1，1～10
尾柄长/尾柄高	0.8～1.1	腹鳍鳍条数	1，6～7
头长/眼径	8.8～12.5	腹棱	无腹棱

注：引自《江苏鱼类志》（倪勇和朱成德，2006）。

副沙鳅属 *Parabotia* Dabry de Thiersant，1872

Parabotia：Pisiculture Chine.（Dabry de Thiersant，1872）

Type-species（模式种）： *Parabotia fasciata* Guichenot in Dabry de Thiersant，1872.

颊部被鳞；眼下刺分叉；颏下1对须有或无。尾柄长等于或大于尾柄高，头长大于体高。吻长与眼后头长几相等。囟门存在或不存在。侧线完全，平直。胸、腹鳍基部具肉质鳍瓣。尾鳍基部中央有明显黑斑。

本属产洪泽湖有2种。

种的检索表

1（2）腹后端伸越肛门 ……………………………………… 武昌副沙鳅 *P. banarescui*

2（1）腹后端不伸达肛门，吻端尖；无颏须；上唇完整 …… 花斑副沙鳅 *P. fasciata*

58 武昌副沙鳅 *Parabotia banarescui*（Nalbant）

地方名：黄沙鳅、花斑沙鳅

文献记载

Leptobotia banarescui：Annot. Zool. Bot. Bratislava.（Nalbant，1965）。

黄沙鳅 *Botia xanthi*：长江鱼类（中国科学院水生生物研究所鱼类研究室，1976）。

花斑沙鳅 *Botia fasciata*：长江鱼类（中国科学院水生生物研究所鱼类研究室，1976）。

武昌副沙鳅 *Parabotia banarescui*：动物学研究（陈景星，1980）；洪泽湖渔业史（《洪泽湖渔业史》编写组，1990）。

武昌副沙鳅 *Parabotia banarescui*

基本特征

体稍延长，侧扁，腹部平直，背部在背鳍之前略隆。口角到眼有一浅纹，体背向体侧延伸有多条斑纹，尾鳍基中央有一显著黑斑。背鳍有3条点列，尾鳍有4条点列。吻尖，吻长长于眼后头长。前后鼻孔靠拢。眼小，侧上位。眼下刺分叉。口下位，口裂深弧形。须3对：2对吻须，较短，至多达到口角，聚生于吻端，外吻须较内吻须长；1对颌须，后伸不过眼前缘。鳃膜连于峡部。体和头颊部被小鳞，鳞隐于皮下。侧线完全，平直，延伸至尾鳍基部。腹后端伸越肛门。尾鳍后缘深分叉。喜流水环境，以底栖动物为食，体型小，数量少，经济价值低。主要分布于我国长江中下游及其附属水体。

实测特征

可数可量性状

测量标本数（尾）	5		
全长（mm）	/		
体长（标准长）（mm）	65～88		
头长（mm）	/		
体长/头长	4		
体长/体高	5.9	背鳍鳍条数	3，9
体长/尾柄长	/	臀鳍鳍条数	3，5
体长/尾柄高	/	胸鳍鳍条数	1，11
尾柄长/尾柄高	1.2	腹鳍鳍条数	1，6
头长/头高	/	侧线鳞数	/
头长/眼径	6	腹棱	无腹棱

注：引自《江苏鱼类志》（倪勇和朱成德，2006）。

59 花斑副沙鳅 *Parabotia fasciata*（Guichenot）

地方名：黄唇沙鳅、花斑沙鳅

文献记载

Parabotia fasciata：Pisiculture Chine.（Guichenot in Dabry de Thiersant，1872）。

Botia rubulabris：Contr. Biol. Lab. Sci. Soc. China（Tchang，1928）；Science（Tchang，1929）；Theses Univ. Paris（A）（Tchang，1930）。

黄唇沙鳅 *Botia rubulabris*：中国系统鲤类志（张春霖，1959）。

花斑沙鳅 *Bitia fasciata*：长江鱼类（中国科学院水生生物研究所鱼类研究室，1976）；洪泽湖渔业史（《洪泽湖渔业史》编写组，1990）。

花斑副沙鳅 *Parabotia fasciata*：浙江动物志·淡水鱼类（徐寿山，1991）；山东鱼类志（周才武，1997）。

花斑副沙鳅 *Parabotia fasciata*

基本特征

体侧扁，背鳍之前稍隆起，腹部平直。头后方有多条横斑条，从背部向下延伸至侧线下方，尾鳍基部中央有一显著的黑色斑点。背鳍和尾鳍各有点列4～6行。头侧扁，吻尖，吻长与眼后头长几相等。前后鼻孔靠拢。眼小，侧上位。眼下刺分叉。口下位，口裂深弧形。上唇完整。须3对：2对吻须，聚生于吻端，外吻须较内吻须长，后伸达前鼻孔之下；1对颌须，后伸达眼前缘或眼中心正下方。鳃盖膜连于峡部。体和头颊部被小鳞，鳞隐于皮下。侧线完全，平直，位于体侧中部。腹后端不伸越肛门。尾鳍后缘深分叉。喜流水，以底栖动物为食，体型小，数量少，经济价值低。分布于我国黑龙江至珠江各水系。

实测特征

可数可量性状

测量标本数（尾）	4		
全长（mm）	/		
体长（标准长）（mm）	60～61		
头长（mm）	/		
体长/头长	3.9～4.1		
体长/体高	5.3～6.3	背鳍鳍条数	3，9

（续）

体长/尾柄长	/	臀鳍鳍条数	3，5
体长/尾柄高	/	胸鳍鳍条数	1，11～13
尾柄长/尾柄高	1.0～1.4	腹鳍鳍条数	1，6～7
头长/眼径	5.2～8	腹棱	无腹棱

注：引自《太湖鱼类志》（倪勇和朱成德，2005）。

花鳅亚科 Cobitinae

体侧扁或稍侧扁，头侧扁。头部和体被鳞或裸露。颅顶具囟门。眼下刺分叉（泥鳅属和副泥鳅属无眼下刺）。须3对或5对。尾鳍后缘内凹入，弧形或平截。侧线完全、不完全或缺如。本亚科泥鳅属和副泥鳅属有较高的经济价值。

本亚科产洪泽湖有3属。

属的检索表

1（2）具眼下刺；须3对 …………………………………………… 花鳅属 *Cobitis*

2（1）无眼下刺；须5对

3（4）纵列鳞140以上；尾鳍基上部具一大黑斑；尾柄背缘皮褶不发达 ……………………………………………………………… 泥鳅属 *Misgurnus*

4（3）纵列130以下；尾鳍基上部无大黑斑；尾柄背缘皮褶发达，几伸达背鳍基部 ……………………………………………………… 副泥鳅属 *Paramisgurnus*

花鳅属 *Cobitis* Linnaeus，1758

Cobitis：Syst. Nat. ed.（Linnaeus，1758）

Type-species（模式种）：*Cobitis taenia* Linnaeus，1758.

体稍延长，头和体均侧扁。吻长与眼后头长几相等。眼下刺分叉。须3对：吻须2对，颌须1对；颏叶发达。尾鳍后缘截形。侧线不完全，后伸不过胸鳍。体被细鳞，头部裸露。小型鱼类，罕见，经济价值低。

本属产洪泽湖有1种。

60 中华花鳅 *Cobitis sinensis*（Sauvage et Dabry）

地方名：花鳅

文献记载

Cobitis sinensis：Ann. Sci. Nat. Paris Zool.（Sauvage et Dabry，1874）。

Cobitis taenia：Contr. Biol. Lab. Sci. Soc. China（Tchang，1928）；Science（Tchang，1929）；Contr. Biol. Lab. Sci. Soc. China（Miao，1934）。

花鳅 *Cobitis taenia*：中国系统鲤类志（张春霖，1959）；长江鱼类（中国科学院水生生物研究所鱼类研究室，1976）；海洋湖沼研究文集（王玉纲等，1986）。

中华花鳅 *Cobitis sinensis*：上海鱼类志（王幼槐，1990）；浙江动物志·淡水鱼类（郑米良，1991）；山东鱼类志（周才武，1997）。

体稍延长，侧扁，腹部平直，头侧扁，吻钝。头部自吻端经眼至头背有1条黑斜纹，体背部有1列菱形深褐色斑或横斑，尾基上侧有明显黑斑。背鳍斑点2列，尾鳍斑点34列。眼小，侧上位。口下位。须4对：2对吻须，1对颌须和1对颏须，都很短，最长的颌须后伸仅达眼前缘的下方。前后鼻孔靠拢。鳃盖膜连于峡部。眼下刺分叉，较短。体被小鳞，头部裸露。侧线不完全，仅伸至胸鳍上方。尾鳍后缘圆弧形。对水质要求较高，底栖无脊椎动物食性，栖息于缓流河段的底层。体型小，经济价值低。分布于我国黄河以南至红河以北的各大水系及海南、台湾等地。

中华花鳅 *Cobitis sinensis*

实测特征

可数可量性状

测量标本数（尾）	20		
全长（mm）	/		
体长（标准长）(mm)	32～102		
头长（mm）	/		
体长/头长	5.2～5.3		
体长/体高	5.5～6.4	背鳍鳍条数	3，7
体长/尾柄长	/	臀鳍鳍条数	3，5
体长/尾柄高	/	胸鳍鳍条数	/
尾柄长/尾柄高	1.3～1.7	腹鳍鳍条数	/
头长/头高	/	侧线鳞数	/
头长/眼径	5.4～8.5	腹棱	无腹棱

注：引自《太湖鱼类志》(倪勇和朱成德，2005)。

泥鳅属 *Misgurnus* Lacepède，1803

Misgurnus：Hist. Nat. des Poissons.（Lacepède，1803）

Type-species（模式种）：*Cobitis fossilis* Linnaeus，1758.

体延长，侧扁或稍侧扁。须5对：2对吻须，1对颌须，2对颏须。无眼下刺。尾鳍皮质棱发达，与尾鳍相连。尾鳍后缘圆弧形。侧线不完全，后伸不过胸鳍。体被细鳞，头部裸露。体表多黏液。体型小但分布广、数量多，肉质细嫩，兼食用和药用价值，为经济鱼类。

本属产洪泽湖有1种。

61 泥鳅 *Misgurnus anguillicaudatus*（Cantor）

地方名：鳅、鳅鱼

文献记载

Cobitis anguillicaudatus：Am. Mag. Nat Hist.（Cantor，1842）。

Misgurnus anguillicaudatus：Proc. U.S. Natl. Mus.（Fowler and Bean，1920）；Proc. Calif. Acad. Sci.（Evermann and Shaw，1927）；Contr. Biol. Lab. Sci. Soc.（Tchang，1928）。

泥鳅 *Misgurnus anguillicaudatus*：中国系统鲤类志（张春霖，1959）；长江鱼类（中国科学院水生生物研究所，1976）；海洋湖沼研究文集（王玉纲等，1986）。

长身泥鳅 *Misgurnus elongatus*：长江鱼类（中国科学院水生生物研究所，1976）。

泥鳅 *Misgurnus anguillicaudatus*

体稍延长，背、腹缘较平直，背鳍前部呈圆筒形，后部侧扁。背部、背鳍、尾鳍和臀鳍散布有不规则的深色斑点，尾鳍基部有一黑斑。头较小，吻较尖。前后鼻孔靠拢。眼小，侧上位。口下位，口裂深弧形。须5对：2对吻须，1对颌须，2对颏须，外吻须和颌须较长。鳃盖膜连于峡部。体被不明显细鳞，头部无鳞。体表黏液多。侧线很短不完全。尾鳍后缘圆弧形。喜静水，常栖息于富含有机质的淤泥表层，杂食性，以底栖小型甲壳动物、昆虫、水蚯蚓、扁螺、藻类及高等植物碎屑为食，也能食水底腐殖质或泥渣，对环境的适应力极强，水干涸时可钻入泥中依靠少量水分保持皮肤湿润，通过肠呼吸维持生命，是我国出口的水产品之一，经济价值高。分布于朝鲜、日本、越南和我国各地（除青藏高原）。

实测特征

可数可量性状

测量标本数（尾）	176
全长（mm）	/
体长（标准长）（mm）	48～195
头长（mm）	/

（续）

体长/头长	5.4～6.7		
体长/体高	6.1～7.9	背鳍鳍条数	3，7～8
体长/尾柄长	/	臀鳍鳍条数	3，5～6
体长/尾柄高	/	胸鳍鳍条数	1，7～9
尾柄长/尾柄高	1.2～1.4	腹鳍鳍条数	1，5～6
头长/头高	/	侧线鳞数	/
头长/眼径	4.6～7.0	腹棱	无腹棱

注：引自《江苏鱼类志》（倪勇和朱成德，2006）。

副泥鳅属 *Paramisgurnus* Guichenot，1872

Paramisgurnus：Pisiculture Chine.（Guichenot in Dabry de Thiersant，1872）

Type-species（模式种）： *Paramisgurnus dabryanus* Guichenot，1872.

基枕骨咽突在背大动脉腹下愈合。下咽骨发达，变短，中部变宽。咽齿扁臼状。须较长。尾柄皮褶棱更发达。鳞较大。其他特征与泥鳅属相似。

本属产洪泽湖有1种。

62 大鳞副泥鳅 *Paramisgurnus dabryanus*（Güchenot）

地方名：泥鳅、板鳅

文献记载

Paramisgurnus dabryanus：Pisiculture Chine.（Güchenot in Dabry de Thiersant，1872）。

Misgurnus mizolepis：Ann. Mag. Nat. Hist.（Günther，1888）。

Misgurnus decemcirrosus：Contr. Biol. La. Sci. Soc. China（Miao，1934）。

大鳞泥鳅 *Misgurnus mizolepis*：长江鱼类（中国科学院水生生物研究所鱼类研究室，1976）；海洋湖沼研究文集（王玉纲等，1986）；江苏淡水鱼类（江苏省淡水水产研究所等，1987）。

大鳞副泥鳅 *Paramisgurnus dabryanus*：上海鱼类志（王幼槐，1990）；浙江动物志·淡水鱼类（毛节荣等，1991）。

大鳞副泥鳅 *Paramisgurnus dabryanus*

基本特征

体延长，侧扁，前部较宽，背、腹缘平直，尾柄背缘皮褶发达，几伸达背鳍基部。整个鱼体和各鳍密布黑色斑点。头小，吻较尖。前后鼻孔靠拢。眼小，侧上位，约在头的前部或略靠前。口下位或亚下位，口裂呈马蹄形。须5对：2对吻须，1对颌须，2对颏须，均较长，颌须最长，后伸可达鳃盖，外吻须后伸达眼之下。鳃盖膜连于峡部。体被小圆鳞，鳞大于同体长的泥鳅。体表黏液多。侧线不完全，在胸鳍上方消失。尾鳍末端圆弧形，生态习性和生物学特性与泥鳅接近，是重要的经济鱼类。分布于我国浙江、福建、台湾和长江中下游等地。

实测特征

可数可量性状

测量标本数（尾）	18		
全长（mm）	/		
体长（标准长）（mm）	90～198		
体长/头长	5.7～7.3		
体长/体高	5.5～6.8	背鳍鳍条数	3，6～7
体长/尾柄长	/	臀鳍鳍条数	3，5～6
体长/尾柄高	/	胸鳍鳍条数	1，10～11
尾柄长/尾柄高	0.8～1.2	腹鳍鳍条数	1，5～6
头长/眼径	5.8～9.3	腹棱	无腹棱

注：引自《太湖鱼类志》（倪勇和朱成德，2005）。

鲇形目 Siluriformes

体延长裸露或被骨板。眼小。口不能伸缩。上下颌及犁骨（有时腭骨）具绒毛状细齿。颌骨退化仅留痕迹，以支持口须。头部具须1～4对。背、胸常具硬刺。脂鳍常存在（鲇科例外）。第二至第四（有时第五）椎骨彼此固结，横突与椎体骨化。无顶骨和下鳃盖骨。

本目产洪泽湖有2科。

科的检索表

1（2）具脂鳍，须4对，其中1对为鼻须 ································ 鲿科 Bagridae
2（1）无脂鳍，背蜡短小，退化；须2～3对 ·························· 鲇科 Siluridae

鲿科 Bagridae

体延长，前部略平扁，后部侧扁。头顶常被皮膜。吻宽平。眼中大或较小。前后鼻孔相隔一短距，前鼻孔开孔于吻端，后鼻孔在眼前方。口下位或亚下位，口裂成弧形。上下颌和腭骨具绒毛状齿带。须4对：1对鼻须，1对颌须，2对颏须。鳃盖膜不与峡部相连。体裸露无鳞。背鳍与鳍胸具硬刺。具脂鳍。尾鳍后缘圆形、平截、凹入或深分叉。本科各属鱼类背鳍棘和胸鳍棘均为皮膜所包，内有毒腺组织。

本科产洪泽湖有4属。

属的检索表

1（6）脂鳍较短，其基部长为臀鳍基部长的1.5倍以下；颌须较短，向后不伸达胸鳍
2（5）尾鳍深分叉
3（4）头顶被皮膜，至多上枕骨棘裸露；臀鳍条通常少于20 ······ 鮠属 *Leiocassis*
4（3）头顶部多少裸出或粗糙；臀鳍条通常多于20 ········· 黄颡鱼属 *Pelteobagrus*
5（2）尾鳍微凹入、平截或圆弧形；头顶部被皮，至多上枕骨棘裸露
··· 拟鲿属 *Pseudobagrus*
6（1）脂鳍较长，其基部长为臀鳍基部长1.5倍以上；颌须长，向后伸越胸鳍
··· 鳠属 *Mystus*

鮠属 *Leiocassis* Bleeker，1858

Leiocassis：Acta Soc. Sci. Indo-Neerl.（Bleeker，1858）

Type-species（模式种）：*Bagrus poecilopterus* Kuhl et Valenciennes，1839.

头中大，稍平扁，头顶部通常被皮膜，或仅上枕骨棘裸出。上下颌及腭骨具绒毛状细齿。背鳍、胸鳍具硬刺。臀鳍条通常20以下。须4对，颌须不伸过胸鳍。尾鳍后缘深分叉。

本属产洪泽湖有3种。

种的检索表

1（3）体无暗色纵带纹，尾鳍两叶亦无；体型较大

2（3）吻圆钝，略在口的前部；背鳍刺后缘锯齿较弱 ……… 粗唇鮠 *L. crassilabris*

3（2）吻端尖，明显突出于口的前部；背鳍刺后缘锯齿发达 ····· 长吻鮠 *L. longirostris*

4 体有暗色纵带纹；尾鳍两叶各有1条，体型较大

5 游离椎骨不多于33枚，须较长，颌须长于头长且伸过胸鳍起点；尾柄较低，长度为高度的1.5倍以上 ……………………………………… 纵带鮠 *L. argentivittatus*

63 粗唇鮠 *Leiocassis crassilabris*（Günther）

地方名：盎刺鱼、葛牙

文献记载

Leiocassis crassilabris：Cat. Fish. Br. Mus.（Günther，1864）。

粗唇鮠 *Leiocassis crassilabris*：长江鱼类（中国科学院水生生物研究所，1976）；浙江动物志·淡水鱼类（徐寿山，1991）。

基本特征

体稍延长，侧扁，前部略宽，背鳍起点处体最高。头侧扁，头顶被皮膜，上枕骨棘不裸出，略长。吻圆钝，突出于口。前后鼻孔分开一短距。眼侧上位，较小。口下位，横裂。须4对，均细弱：颌须1对，最长，后伸可过眼；颏须2对，外对较长，后伸于前缘附近；鼻须1对，位于后鼻孔前缘。鳃膜不与峡部相连。无鳞，皮肤光滑。侧线完全，

粗唇鮠 *Leiocassis crassilabris*

平直。背鳍刺后缘具弱锯齿。尾鳍后缘深分叉，两叶等长。中小型鱼类。以寡毛类，小型软体动物、虾、蟹及小鱼为食。为上品食用鱼类，有一定经济价值。分布于我国云南程海及长江至珠江各水系。

实测特征

可数可量性状

测量标本数（尾）	13		
全长（mm）	/		
体长（标准长）（mm）	48～195		
体长/头长	4.1～4.2		
体长/体高	4.2～5.1	背鳍鳍条数	2，6～7
体长/尾柄长	/	臀鳍鳍条数	3～4，13～14
体长/尾柄高	/	胸鳍鳍条数	1，8
尾柄长/尾柄高	2.0～2.2	腹鳍鳍条数	1，5～6
头长/眼径	6.7～10.2	腹棱	无腹棱

注：引自《江苏鱼类志》（倪勇和朱成德，2006）。

64 长吻鮠 *Leiocassis longirostris* (Günther)

地方名：长吻黄颡鱼、鮠鱼、白吉、灰鱼

文献记载

Leiocassis longirostris：Cat. Fish. Br. Mus.（Günther，1864）；Mem. Asiatic Soc. Bengal（Fowler，1924）；Proc. Calif. Acad. Sci.（Evermann and Shaw，1927）。

Leiocassis longirostris：Pro. Calif. Acad. Sci.（Evermann and Shaw，1927）。

Leiocassis（*Rhinobagrus*）*dumerili*：Ark. Zool.（Rendahl，1928）。

Leiocassis dumerili：J. Shanghai Sci. Inst.（Kimura，1934）。

长吻黄颡鱼 *Pseudobagrus longirostris*：中国鲇类志（张春霖，1960）。

长吻鮠 *Leiocassis longirostris*：长江鱼类（中国科学院水生生物研究所，1976）；江苏淡水鱼类（江苏省淡水水产研究所等，1987）；洪泽湖渔业史（《洪泽湖渔业史》编写组，1990）。

长吻鮠 *Leiocassis longirostris*

基本特征

体延长，头较宽，身体侧扁，背鳍起点处体最高。头较大，无皮膜覆盖，上枕骨棘粗糙，裸出。吻部明显突于口前。前后鼻孔分开一短距。眼侧上位，较小。口下位，浅弧形，横裂。须4对：颌须1对，后伸超过眼后缘；颏须2对；鼻须1对，位于前鼻孔前缘。鳃膜不与峡部相连。皮肤光滑无鳞。侧线完全，平直，位于体侧中轴。背鳍刺后缘具强锯齿，背鳍棘和胸鳍棘均被皮膜，内有毒腺。尾鳍后缘深分叉，上叶稍长。为底层鱼类，主食鱼、虾、蟹、甲壳类和水生昆虫等。喜缓流、水深及石块多的河塘。为优质食用鱼，经济价值较高。分布于我国辽河至闽江各水系。

实测特征

可数可量性状

测量标本数（尾）	2		
全长（mm）	/		
体长（标准长）（mm）	20～130		
体长/头长	3.5～4.2		
体长/体高	4.8～5.7	背鳍鳍条数	2，6～7
体长/尾柄长	/	臀鳍鳍条数	1，15～16
体长/尾柄高	/	胸鳍鳍条数	1，9
尾柄长/尾柄高	2.3～2.5	腹鳍鳍条数	1，6
头长/眼径	12.6～17.8	腹棱	无腹棱

注：引自《太湖鱼类志》（倪勇和朱成德，2005）。

65 纵带鮠 *Leiocassis argentivittatus*（Regan）

地方名：鮠鱼

纵带鮠 *Leiocassis argentivittatus*

基本特征

体延长，身体前部较宽，后部侧扁，背鳍起点处体最高。头较短，有皮膜覆盖，上枕骨棘略细，裸出。吻钝。眼侧上位，较大。口下位，弧形。鳃膜不与峡部相连。皮肤光滑无鳞。背鳍刺完全光滑或后缘具弱锯齿。尾鳍后缘深分叉。为底层鱼类，主食鱼、虾、蟹、甲壳类和水生昆虫等。喜缓流、水深及石块多的河塘。为小型鱼类，数量少，无经济价值。分布于我国长江、珠江等水系。

实测特征

可数可量性状

测量标本数（尾）	1		
全长（mm）	/		
体长（标准长）（mm）	120		
体长/头长	4.62		
体长/体高	4.11	背鳍鳍条数	2，6
体长/尾柄长	5.62	臀鳍鳍条数	13～15
体长/尾柄高	9.74	胸鳍鳍条数	1，6
尾柄长/尾柄高	1.73	腹鳍鳍条数	1，5
头长/眼径	3.4	腹棱	无腹棱

黄颡鱼属 *Pelteobagrus* Bleeker，1865

Pelteobagrus：Ned. Tijdschr. Direk.（Bleeker，1865）

Type-species（模式种）: *Silurus caltarius* Basilewsky，1855.

头略平扁，顶部多少裸露且粗糙，枕骨棘外露。吻钝，稍突出。上下颌及腭骨有绒毛状细齿。颌须后伸不过胸鳍。脂鳍存在，其基部通常短于臀鳍基。臀鳍条通常多于20。胸鳍硬刺前后缘均具锯齿或仅后缘具锯齿。尾鳍后缘深分叉。小型鱼类，数量较多，经济价值较高。

本属产洪泽湖有4种。

种的检索表

1（4）胸鳍硬刺前后缘均有锯齿，前缘锯细小或粗，后缘有强锯齿

2（3）体细长，体长为体高的5倍以上；颌须较长，向后可伸达胸鳍长的中部；无斑块或斑块不明显 ……………………………… 长须黄颡鱼 *P. eupogon*

3（2）体粗壮，体长为体高的4.5倍以下；颌须较短，后伸至多稍超胸鳍基部起点，体背侧部有黄、褐相间的斑块 ……………………… 黄颡鱼 *P. fulvidraco*

4（1）胸鳍硬刺前缘光滑，后缘有强锯齿

5（6）头顶大部裸出；须短，颌须后伸不达胸鳍基部 ……… 光泽黄颡鱼 *P. nitidus*

6（5）头顶被薄皮；须长，颌须后伸可超过胸鳍基部 ……… 瓦氏黄颡鱼 *P. vachelli*

66 长须黄颡鱼 *Pelteobagrus eupogon*（Boulenger）

地方名：盎公、盎刺、小头黄颡鱼

文献记载

Pseudobagrus eupogon：Amn. Mag. Nat. Hist.（Boulenger，1892）；Science（Tchang，1929）。

岔尾黄颡鱼 *Pseudobagrus eupogon*；长江鱼类（中国科学院水生生物研究所，1976）；江苏淡水鱼类（江苏省淡水水产研究所等，1987）；洪泽湖渔业史（《洪泽湖渔业史》编写组，1990）。

长须黄颡鱼 *Pelteobagrus eupogon*：上海鱼类志（王幼槐，1990）；中国动物志·硬骨鱼纲·鲇形目（郑葆珊等，1999）。

瓦氏黄颡鱼 *Pseudobagrus vachelli*：中国鲇类志（张春霖，1960）。

基本特征

体稍延长，背鳍处较高，前部略宽，后部渐侧扁。头较小，背部被皮膜。眼位于头长的前半部，侧上位。口横裂，下位，口裂浅弧形。须4对：1对颌须，最长，后伸可达胸鳍长的中部；颏须2对，外侧对较长，后伸可达胸鳍基部；鼻须1对，位于后鼻孔前缘，后伸可超过眼后缘。鳃盖膜不与峡部相连。皮肤光滑无鳞。侧线完全，位于体侧中轴。胸鳍刺前缘具弱锯齿，后缘强锯齿。尾鳍后缘深分叉，上叶稍长，叶端圆。分布于我国长江中下游及其附属水体。

长须黄颡鱼 *Pelteobagrus eupogon*

实测特征

可数可量性状

测量标本数（尾）	1		
全长（mm）	/		
体长（标准长）（mm）	83		
头长（mm）	/		
体长/头长	4.9		
体长/体高	5.3	背鳍鳍条数	2，6
体长/尾柄长	/	臀鳍鳍条数	2，20
体长/尾柄高	/	胸鳍鳍条数	1，6
尾柄长/尾柄高	2	腹鳍鳍条数	1，5
头长/头高	/	侧线鳞数	/
头长/眼径	4.9	腹棱	无腹棱

注：引自《太湖鱼类志》（倪勇和朱成德，2005）。

67 黄颡鱼 *Pelteobagrus fulvidraco*（Richardson）

地方名：盎公、盎刺、大头黄颡鱼

文献记载

Pimelodus fulvidraco：Rep. Brit. Asso. Advt. Sci.（Richardson，1846）。

Fluviraco fulvidraco：Proc. U.S. Natl. Mus.（Fowler and Bean，1920）。

Pseudobagrus fulvidraco：Cotr. Biol. Lab. Sci. So. China（Tchang，1928）；Bull. Fan Mem. Inst. Biol.（Shaw，1930）。

Pelteobagrus fulvidraco：Ark. Zool.（Rendahl，1928）；J. Shanghai Sci. Inst.（Kimura，1934）。

Pseudobagrus changi：Contr. Biol. Lab. Sci. Soc. China（Miao，1934）。

Macrones fulvidraco：Bull. Fan Mem. Inst. Biol.（Tchang，1934）。

黄颡鱼 *Pseudobagrus fulvidraco*；长江鱼类（中国科学院水生生物研究所，1976）；海洋湖沼研究文集（王玉纲等，1986）。

黄颡鱼 *Pelteobagrus fulvidraco*：上海鱼类志（王幼槐，1990）；洪泽湖（朱松泉、魏绍芬等，1993）；山东鱼类志（周才武，1997）。

黄颡鱼 *Pelteobagrus fulvidraco*

基本特征

体粗壮，稍延长，背鳍起点处体最高，前部较宽，后部渐侧扁。体背侧部有黄褐相间的斑块。头大，扁平，背部大部裸出，上枕骨棘宽短，吻圆钝。眼上侧位。眼间隔宽，略隆起。口大，下位，口裂弧形。须4对：1对颌须，可伸达胸鳍基部附近；2对颏须，外侧对较长，也可伸达胸鳍基部附近；鼻须1对，位于后鼻孔前缘。鳃孔大，鳃盖膜不与峡部相连。皮肤光滑无鳞。侧线完全，位于体侧中轴。背鳍棘和胸鳍棘有毒腺。胸鳍侧下位，硬刺的前缘粗糙或具小锯齿，后缘具强锯齿。尾鳍后缘深分叉，叶端圆钝。肉食性，营底栖生活，食底栖无脊椎动物，也食漂浮水面的陆生昆虫、小鱼和鱼卵等。喜栖于腐殖质和淤泥多的静水或缓流的浅滩处。是重要的经济鱼类。分布于我国各大水系（除青藏高原和新疆）。

实测特征

可数可量性状

测量标本数（尾）	15		
全长（mm）	169.5～241.6		
体长（标准长）（mm）	142.5～205.0		
头长（mm）	29.3～51.0		
体长/头长	3.8～5.0	背鳍鳍条数	2，6～8
体长/体高	3.7～5.6	臀鳍鳍条数	4～7，14～17
体长/尾柄长	7.5～10.2	胸鳍鳍条数	1，6～7
体长/尾柄高	10.7～14.5	腹鳍鳍条数	1，5～6
尾柄长/尾柄高	1.2～1.7	腹棱	无腹棱
头长/头高	1.1～2.1		
头长/眼径	5.7～6.2		

注：以上样品2023年采自洪泽湖。

68 光泽黄颡鱼 *Pelteobagrus nitidus*（Sauvage et Dabry）

地方名：鉠公、鉠丝、尖头黄颡鱼

文献记载

Pseudobagrus nitidus：Amn. Sci. Nat. Paris Zool.（Sauvage et Dabry，1874）。

Pseudobagrus fui：Contr. Biol. Lab. Sci. Soc. China（Miao，1934）。

光泽黄颡鱼 *Pseudobagrus nitidus*：长江鱼类（中国科学院水生生物研究所，1976）；海洋湖沼研究文集（王玉纲等，1986）；洪泽湖渔业史（《洪泽湖渔业史》编写组，1990）。

光泽黄颡鱼 *Pelteobagrus nitidus*：上海鱼类志（王幼槐，1990）；洪泽湖（朱松泉、魏绍芬等，1993）；山东鱼类志（周才武，1997）。

光泽黄颡鱼 *Pelteobagrus nitidus*

基本特征

体延长，前部略宽，后部侧扁。头顶部裸出，上枕骨棘明显，末端接近项背。吻端圆钝。眼中大，侧上位。眼间隔略隆起。须4对：1对颌须短于头长，后伸不达胸鳍基部；2对颏须，外侧1对较长，后伸达眼下缘之下；鼻须1对，位于后鼻孔前缘。鳃盖膜不与峡部相连。皮肤裸露无鳞。侧线完全，位于体侧中轴。脂鳍肥厚，其基部长短于臀鳍基长。胸鳍下侧位，硬刺前缘光滑，后缘有强锯齿。尾鳍后缘深分叉，叶端较尖。个体较小，有一定经济价值。主要分布于我国长江、黑龙江至闽江水系。

实测特征

可数可量性状

测量标本数（尾）	15		
全长（mm）	131.8～168.4		
体长（标准长）（mm）	118.3～150.2		
头长（mm）	20.7～33.3		
体长/头长	3.9～5.9		
体长/体高	4.1～5.4	背鳍鳍条数	2，6～8
体长/尾柄长	6.2～13.5	臀鳍鳍条数	2，21～25
体长/尾柄高	10.9～16.4	胸鳍鳍条数	1，7～8
尾柄长/尾柄高	0.9～2.1	腹鳍鳍条数	1，5～6
头长/头高	1.4～2.0	侧线鳞数	/
头长/眼径	5.0～6.6	腹棱	无腹棱

注：以上样品2023年采自洪泽湖。

69 瓦氏黄颡鱼 *Pelteobagrus vachelli*（Richardson）

地方名：盎公、盎丝

文献记载

Bagrus vachelli：Rep. Br. Assoc. Admt. Sci.（Richardson，1846）。

Pseudobagrus wui：Contr. Biol. Lab. Sci. Soc. China（Miao，1934）。

Pseudobagrus wangi：Contr. Biol. Lab. Sci. Soc. China（Miao，1934）。

瓦氏黄颡鱼 *Pseudobagrus vachelli*：中国鲇类志（张春霖，1960）。

江黄颡鱼 *Pseudobagrus vachelli*：海湖沼研究文集（王玉纲等，1986）；江苏淡水鱼类（江苏省淡水水产研究所等，1987）；洪泽湖渔业史（《洪泽湖渔业史》编写组，1990）。

瓦氏黄颡鱼 *Pelteobagrus vachelli*：洪泽湖（朱松泉、魏绍芬等，1993）；山东鱼类志（周才武，1997）。

瓦氏黄颡鱼 *Pelteobagrus vachelli*

基本特征

体稍延长，前躯略圆，后躯侧扁，尾柄较细长。头略短而纵扁，头顶有皮膜覆盖，上枕骨棘常裸出，细长，接近项背。眼中等大，侧上位。须4对：1对颌须，较长，后端伸越胸鳍基部或到胸鳍长的中部；颏须2对，外侧1对后伸可达胸鳍基部；鼻须1对，位于后鼻孔前缘，后端伸越眼后缘。鳃膜不与峡部相连。皮肤裸露无鳞。侧线完全，位于体侧中央。脂鳍基部短。胸鳍下侧位，硬刺前缘光滑，后缘具强锯齿。尾鳍后缘深分叉，叶端圆。底栖性鱼类，喜栖于缓流或静水环境。主食昆虫幼虫及小虾，也食禾本科植物碎片和种子等。分布于我国长江沿岸及洪泽湖、太湖等地，也见于黄河至珠江水系。

实测特征

可数可量性状

测量标本数（尾）	11		
全长（mm）	/		
体长（标准长）(mm)	55～122		
头长（mm）	/		
体长/头长	4.0～4.5		
体长/体高	4.7～4.9	背鳍鳍条数	2，6～8
体长/尾柄长	/	臀鳍鳍条数	2，21～25
体长/尾柄高	/	胸鳍鳍条数	1，7～8
尾柄长/尾柄高	1.8～2.3	腹鳍鳍条数	1，5～6
头长/头高	/	侧线鳞数	/
头长/眼径	4.3～5.4	腹棱	无腹棱

注：引自《太湖鱼类志》(倪勇和朱成德，2005)。

拟鲿属 *Pseudobagrus* Bleeker，1859

Pseudobagrus：Acta. Soc. Sci. Indo -Neerl.（Bleeker，1859）

Type-species（模式种）：*Bagrus aurantiacus* Temminck and Schlegel，1848.

头圆钝，前部平扁，头顶部被皮肤或仅上枕骨棘裸出。吻圆钝或呈锥形。眼中大。口下位，口裂浅弧形，上颌突出于下颌前，上下颌及腭骨具绒毛状细齿带。须4对：1对鼻须，1对颌须，2对颏须；颌须短，不伸过胸鳍。背鳍有一硬刺。具脂鳍。胸鳍具1硬刺，硬刺前后缘均具锯齿，或前缘光滑仅后缘具锯齿。尾鳍后缘微凹入，平截或圆弧形。

本属产洪泽湖有2种。

种的检索表

1（2）尾鳍后缘圆弧形；颌须伸过眼后缘 …………………………… 圆尾拟鲿 *P. tenuis*

2（1）尾鳍后缘微凹入；颌须伸过眼后缘达鳃盖膜 …… 乌苏里拟鲿 *P. ussuriensis*

70 圆尾拟鲿 *Pseudobagrus tenuis* (Günther)

地方名：长鮠、白边

文献记载

Macrones (*Pseudobagrus*) *tenuis*：Amm. Mag. Nat. Hist. (Günther，1873)。

Leiocassis albomarginatus：Ark. Zool. (Rendahl，1928)。

长鮠 *Leiocassis tenuis*：中国鲇类志（张春霖，1960）；浙江动物志·淡水鱼类（徐寿山，1991）。

白边 *Leiocassis albomarginatus*：海洋湖沼研究文集（王玉纲等，1986）；江苏淡水鱼类（江苏省淡水水产研究所等，1987）；洪泽湖渔业史（《洪泽湖渔业史》编写组，1990）。

圆尾拟鲿 *Pseudobagrus tenuis*：上海鱼类志（王幼槐，1990）；山东鱼类志（周才武，1997）。

圆尾拟鲿 *Pseudobagrus tenuis*

基本特征

体稍延长，前部略纵扁，后部侧扁。头纵扁，顶被皮，上枕骨棘通常裸出。吻圆钝。须4对：1对颌须，末端伸越眼后缘；2对颏须，外侧1对较长；1对鼻须，位于后鼻孔前缘。鳃膜不与峡部相连。皮肤光滑无鳞。侧线完全，位于体侧中轴。脂鳍基部稍长于臀鳍基部长。胸鳍下侧位，硬刺前缘光滑，后缘具强锯齿。小型底栖鱼类，喜栖息于缓流水域里，以水生昆虫及其幼虫、小型软体动物、甲壳类和小鱼为食。分布于长江及其附属水体，也见于我国长江至闽江水系及台湾。

实测特征

可数可量性状

测量标本数（尾）	9		
全长（mm）	/		
体长（标准长）（mm）	105～264		
头长（mm）	/		
体长/头长	4.0～4.8		
体长/体高	5.1～6.5	背鳍鳍条数	2，7
体长/尾柄长	/	臀鳍鳍条数	18～22
体长/尾柄高	/	胸鳍鳍条数	/
尾柄长/尾柄高	1.5～3.5	腹鳍鳍条数	/
头长/头高	/	侧线鳞数	/
头长/眼径	6.9～9.2	腹棱	无腹棱

注：引自《太湖鱼类志》（倪勇和朱成德，2005）。

71 乌苏里拟鲿 *Pseudobagrus ussuriensis*（Dybowsky）

地方名：乌苏里

文献记载

Bagrus ussuriensis：Verh. Zool. – bot. Wien.（Dybowsky，1872）。

乌苏里 *Leiocassis ussuriensis*：江苏淡水鱼类（江苏省淡水水产研究所等，1987）。洪泽湖渔业史（《洪泽湖渔业史》编写组，1990）。

乌苏里拟鲿 *Pseudobagrus ussuriensis*：山东鱼类志（周才武，1997）。

基本特征

体延长，前部较宽，背后部渐侧扁。头平扁，头顶被皮膜，枕骨不裸出。吻圆钝。须

乌苏里拟鲿 *Pseudobagrus ussuriensis*

4对：1对颌须，后伸可达鳃盖膜；2对颏须，外侧1对较长，后伸超过眼后缘；1对鼻须，位于后鼻孔前缘。鳃盖膜不与峡部相连。皮肤光滑无鳞。侧线完全，位于体侧中部。脂鳍基部长约与臀鳍基部长相等。胸鳍下侧位，硬刺长于背鳍刺，前缘光滑，后缘具强锯齿。尾鳍后缘微凹入。数量少，经济价值不大，分布于我国自黑龙江至珠江水系广大地区。

实测特征

可数可量性状

测量标本数（尾）	5		
全长（mm）	/		
体长（标准长）（mm）	82～110		
头长（mm）	/		
体长/头长	4.1～4.6		
体长/体高	4.4～5.3	背鳍鳍条数	2，7
体长/尾柄长	/	臀鳍鳍条数	1，18～20
体长/尾柄高	/	胸鳍鳍条数	1，7～8
尾柄长/尾柄高	1.5～2.1	腹鳍鳍条数	1，5
头长/头高	/	侧线鳞数	/
头长/眼径	5.3～7	腹棱	无腹棱

注：引自《太湖鱼类志》（倪勇和朱成德，2005）。

鳠属 *Mystus* Scopoli，1777

Mystus Scopoli：Int. Hist. Nat.（ex Gronow，1777）

Type-species（模式种）： *Bagrus halapensis* Valencinnes in Cuvier and Valencinnes，1939.

体延长。头顶光滑或粗糙，上枕骨棘被皮或稍裸出。无鳞，皮肤光滑。须4对：1对鼻须，1对颌须，2对颏须；颌须很长，末端可超过胸鳍。背鳍有1硬刺，前后缘均光滑。胸鳍刺前缘有弱锯齿或光滑，后缘有强锯齿。脂鳍基部很长，长于臀鳍基。

本属产洪泽湖有1种。

72 大鳍鳠 *Mystus macropterus*（Bleeker）

地方名：江鼠、牛尾巴、石扁头

文献记载

Hemibagrus macropterus：Versl. Med. Akad. Wetensch. Amsterdam.（Bleeker，1870）；Science（Tchang，1929）。

江鼠 *Hemibagrus macropterus*：中国鲇类志（张春霖，1960）。

石扁头 *Hemibagrus macropterus*：水生生物学集刊（伍献文，1962）。

大鳍鳠 *Hemibagrus macropterus*：江苏淡水鱼类（江苏省淡水水产研究所等，1987）。

鳠 *Hemibagrus macropterus*：洪泽湖渔业史（《洪泽湖渔业史》编写组，1990）。

大鳍鳠 *Mystus macropterus*：上海鱼类志（王幼槐，1990）。

基本特征

体延长，前部稍纵扁，后部侧扁。头纵扁，头顶被皮膜，上枕骨棘不裸出，不连于项背骨。吻钝。眼中大，侧上位。前后鼻孔分开一短距，前鼻孔短管状，后鼻孔为一裂缝。口大，亚下位，口裂深弧形。须4对：颌须1对，很长，后伸可达胸鳍至腹鳍基部；颏须2对，外对较长，后伸可达胸鳍基部；鼻须1对，位于后鼻孔前。鳃膜不与峡部相连。皮肤光滑无鳞。侧线完全，位于体侧中部。脂鳍较长。尾鳍后缘深分叉。为底层鱼类，喜水流湍急、底质为砾石的江河。摄食水生昆虫、螺蚌及小鱼小虾，偶也食高等植物碎屑及藻类。数量有限，经济价值不大。主要分布于我国长江水系至珠江水系的南方大部分地区。

大鳍鳠 *Mystus macropterus*

实测特征

可数可量性状

测量标本数（尾）	2		
全长（mm）	/		
体长（标准长）（mm）	146～209		
头长（mm）	/		
体长/头长	4.0～4.3		
体长/体高	6.9～8.1	背鳍鳍条数	2，7
体长/尾柄长	/	臀鳍鳍条数	2，10～11
体长/尾柄高	/	胸鳍鳍条数	1，8～10
尾柄长/尾柄高	2.0～2.4	腹鳍鳍条数	1，5
头长/眼径	5.8～7.4	腹棱	无腹棱

注：引自《太湖鱼类志》（倪勇和朱成德，2005）。

鲇科
Siluridae

体延长，前部较宽，后部侧扁。头大，吻平扁。眼小，侧上位。须1～3对。前后鼻孔分开一短距。上下颌和犁骨具绒毛状细齿，排列成齿带。背鳍有或无，如有则短小，且无骨质硬刺。无脂鳍。臀鳍基部很长，后缘与尾鳍相连或不连。胸鳍硬刺存在或缺如，硬刺前缘具锯齿或光滑。腹鳍小或缺如。体光滑无鳞。侧线完全。鳃盖膜不与峡部相连。尾鳍圆形、凹入或深分叉。

本科产洪泽湖仅1属。

鲇属 *Silurus* Linnaeus，1758

Silurus：Syst. Nat. ed.（Linnaeus，1758）

Type-species（模式种）： *Silurus glanis* Linnaeus，1758.

体延长，侧扁。头大近圆形。吻平扁。眼很小。前后鼻孔分开一短距，无鼻须。颌须1对，颏须1或2对。背鳍小，无硬刺。无脂鳍。胸鳍具硬刺。臀鳍基很长，末端与尾鳍相连，尾鳍后缘平截或稍凹入。

本属产洪泽湖有1种。是常见经济鱼类。

73 鲇 *Silurus asotus*（Linnaeus）

地方名：鲶鱼

文献记载

Silurus asotus：Syst. Nat. ed.（Linnaeus，1758）；Science（Tchang，1929）。

Parasilurus asotus：Proc. U. S. Nat. Mus.（Fowler and Bean，1920）；Proc. Calif.（Evermann and Shaw，1927）。

鲶鱼 *Parasilurus asotus*：海洋湖沼研究文集（王玉纲等，1986）；江苏淡水鱼类（江苏省淡水水产研究所等，1987）。

鲇 *Parasilurus asotus*：中国鲇类志（张春霖，1960）。

鲇 *Silurus asotus*：上海鱼类志（王幼槐，1990）；浙江动物志·淡水鱼类（徐寿山，1991）。

鲇 *Silurus asotus*

基本特征

体延长，前部较宽，头后渐侧扁。头部略平扁。眼小，侧上位。口大，亚上位。口裂一般不伸达眼前缘垂直线。须2对：1对颌须。很长，末端伸达胸鳍末端；1对颏须，较短。体表多黏液，皮肤光滑无鳞。侧线完全，位于体侧中轴。背鳍短小，无硬刺。臀鳍基部很长，末端与尾鳍相连。尾鳍短小，后缘略呈斜截形。喜栖息于江河湖泊岸边或缓流的水域。为底栖肉食性鱼类，捕食鱼虾和水生昆虫幼虫。肉质细嫩，经济价值较高。广泛分布于我国黑龙江至珠江各大水系。

实测特征

可数可量性状

测量标本数（尾）	9		
全长（mm）	/		
体长（标准长）（mm）	126～294		
头长（mm）	/		
体长/头长	4.0～5.1		
体长/体高	5.7～6.1	背鳍鳍条数	1，3～4
体长/尾柄长	/	臀鳍鳍条数	2，76～82
体长/尾柄高	/	胸鳍鳍条数	1，10～12
尾柄长/尾柄高	/	腹鳍鳍条数	1，10
头长/眼径	10.0～12.1	腹棱	无腹棱

注：引自《太湖鱼类志》（倪勇和朱成德，2005）。

鳉形目 Cyprinodontiformes

体延长，头部平扁。口小，上位，口裂上缘仅由前颌骨组成。两颌常具细齿。体被圆鳞，侧线无或不发达。各鳍无棘。背鳍小，1个，位于臀鳍上方，鳍条不分节。腹鳍腹位，鳍条不多于7。无眶蝶骨和中乌喙骨。有上、下肋骨，无肌间刺。鳔无管。卵生或卵胎生。为小型淡水鱼类。

本目产洪泽湖有1科。

青鳉科 Oryziatidae

体延长，侧扁，背缘平，腹部圆。头中大，顶部宽平，头长大于尾柄长。吻宽短。口小，前上位，能伸缩。两颌和咽骨具齿，犁骨有时亦具齿。体被较大圆鳞，头部鳞小。无侧线。背鳍1个，后位。腹鳍腹位，具6～7鳍条。胸鳍上侧位。臀鳍基长远长于背鳍基，前部鳍条不延长。尾鳍分叉、微凹，或截形，或尖状。无中翼骨。卵生。

本科产洪泽湖有1属。

青鳉属 *Oryzias* Jordan et Snyder，1906

Oryzias：Proc. U.S.Nat. Mus.（Jordan et Snyder，1906）

Type-species（模式种）：*Poecilia latipes* Temminck et Schlegel.

体延长，侧扁，背部平直，腹部圆凸。头中大，平扁而宽。吻宽短。口小，上位。下颌突出。两颌各具齿2行，咽骨有齿，犁骨无齿。眼大。鳃孔大。左、右鳃盖膜相连，不连于峡部。头体均被圆鳞。无侧线。背鳍1个，后位，与臀鳍后部相对，具6分支鳍条。臀鳍起点距尾鳍基较距吻端为近，具15～17分支鳍条。胸鳍上侧位。腹鳍腹位。尾鳍截形。卵生，无交配器。无鳔。

本属产洪泽湖有1种。

74 青鳉 *Oryzias latipes*（Temminck et Schlegel）

地方名：鳉鱼、小鳉鱼、青鳉鱼

文献记载

Poecilia latipes：Fauna Jap.（Pisces）（Temminck et Schlegel，1846）。

Oryzias latipes：J. Shanghai Sci. Inst.（Kimura，1934）。

青鳉 *Aplocheilus latipes*：水生生物学集刊（伍献文，1962）；浙江动物志·淡水鱼类（毛节荣，1991）。

青鳉 *Oryzias latipes*：太湖的鱼类（上海水产学院太湖资源调查渔业组，1964）；江苏淡水鱼类（江苏省淡水水产研究所、南京大学生物系，1987）；吴县水产志（陈俊才等，1989）；上海鱼类志（张国祥，1990）。

青鳉 *Oryzias latipes*

基本特征

体青黄色，腹部呈银白色。各鳍浅色或浅灰色。体型小，体侧扁，背部平直，腹部圆。头中大。眼大，圆形，眼间隔宽平。吻宽短。口上位，能伸缩，口裂小。下颌突出于上颌。鳃孔较大。鳃膜跨越峡部，左右相连。体被薄而较大圆鳞。无侧线。臀鳍基延长，臀鳍后半部与背鳍相对。胸鳍宽大，后端延伸可达腹鳍基。腹鳍末端在臀鳍前方。尾鳍切形。卵淡白色，透明。青鳉常栖于静水缓流处，广泛分布于我国华南、华东等地。受到水环境污染及食蚊鱼入侵等影响，青鳉野生种群呈衰退趋势。

实测特征

可数可量性状

测量标本数（尾）	8		
全长（mm）	/		
体长（标准长）（mm）	13.9～18.6		
体长/头长	4.0～4.5		
体长/体高	4.4～4.8	背鳍鳍条数	6
头长/吻长	4.5～6.0	臀鳍鳍条数	17～19
头长/眼径	2.2	腹鳍鳍条数	6

注：引自《太湖鱼类志》（倪勇和朱成德，2005）。

颌针鱼目 Beloniformes

体长。上颌口缘仅由前颌骨组成。鼻孔每侧1个。左、右下咽骨完全愈合。无中乌喙骨和眶蝶骨。上、下肋骨与横突相连接。鳃盖条9～15。体被圆鳞。侧线下位，与腹缘平行。各鳍无鳍棘。背鳍1个，位于臀鳍上方。胸鳍上侧位。腹鳍腹位，具6鳍条。鳔无管。肠直。无幽门盲囊。

本目产洪泽湖有1科。

鱵科 Hemirhamphidae

体延长，侧扁或长柱形。头较长。吻较短或稍长，不特别突出。口小，平直，上颌呈三角形，下颌较长，一般呈长针状。两颌相对部分具细齿，犁骨、腭骨和舌无齿。眼大，圆形。鼻孔大，每侧1个，浅凹，具1鼻囊。鳃孔宽。鳃盖膜不与峡部相连。鳃耙发达。体被圆鳞。侧线下位，近腹缘。背鳍1个，后位，一般与臀鳍相对或稍前。尾鳍长叉形。

本科产洪泽湖有1属。

下鱵属 *Hyporhamphus* Gill，1860

Hyporhamphus：Proc. Acad. Nat.Sci.Philad.（Gill，1860）

Type-species（模式种）： *Hyporhamphus tricuspidatus* Gill.

体长，侧扁，背缘平直，腹缘浅弧形。头较长。吻短，不特别突出。眼大。鼻孔大，长圆形，紧位于眼前缘上方，鼻孔内嗅瓣圆形，边缘完整，不呈穗状。口小，平直。上颌骨与颌间骨愈合，呈三角形，三角形长大于或小于其宽。下颌针状延长，呈扁平长喙。上、下颌相对部具细齿。鳃孔宽。鳃盖膜不与峡部相连。鳃盖条12～13。鳃耙19～46。体被圆鳞，上颌三角部具鳞。侧线下侧位，在胸鳍下方具1分支，向上伸达胸鳍基部。背鳍后位，与臀鳍相对，同形。胸鳍上侧位，腹鳍远在腹部后方。尾鳍叉形，下叶较长。鳔不分室。

本属产洪泽湖有1种。

75 间下鱵 *Hyporhamphus intermedius*（Cantor）

地方名：针口鱼、泽鱼、针鱼

文献记载

Hemirhamphus intermedius：Ann.Mag. Nat. Hist.（Cantor，1847）。

Hyporhamphus sinensis：Proc.U.S. Nat. Mus.（Fowler et Bean，1920）；Bull. Fan Mem. Inst. Biol.（Shaw，1930）。

Hemirhamphus sajori：Contr. Biol. Lab. Sci. Soc. China（张春霖，1928）；Science（张春霖，1929）。

Hyporhamphus sajori：Contr. Biol. Lab. Sci. Soc. China（苗久棚，1934）；J. Shanghai Sci. Inst.（Kimura，1934）。

鱵鱼 *Hemirhaphus sajori*：水生生物学集刊（伍献文，1962）。

颌针鱼 *Hyporhamphus intermedius*：太湖综合调查初步报告（中国科学院南京地理与湖泊研究所，1965）。

鱵 *Hyporhamphus kurumeus*：吴县水产志（陈俊才等，1989）；东山镇志（沈炳荣，2002）。

间鱵 *Hyporhamphus intermedius*：江苏淡水鱼类（江苏省淡水水产研究所、南京大学生物系，1987）。

间下鱵 *Hyporhamphus intermedius*：上海鱼类志（倪勇和朱成德等，1990）；湖泊科学（朱松泉，2004）。

鱵 *Hyporhamphus intermedius*：太湖（张玉书，1993）；内陆水产（陈祖培、许爱国等，2004）。

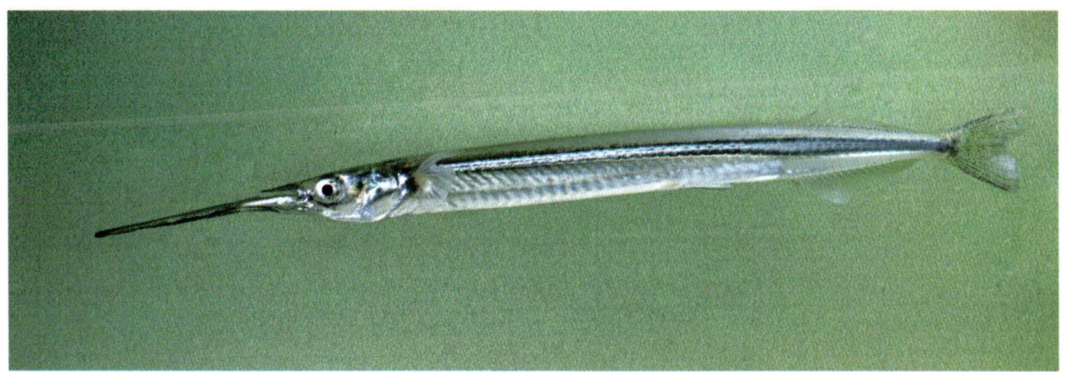

间下鱵 *Hyporhamphus intermedius*

基本特征

体背侧灰绿色，腹部银白色。体侧有1条银灰色纵带。体细长，近圆筒形，背部平直。头前方突出。吻较短。口小，平直。上颌短，三角形。下颌针状延长，长于头长。两颌齿尖细，各2行。眼大，上侧位。鼻孔大。鳃孔大。鳃盖膜不与峡部相连。鳃耙细长。体被较大圆鳞，头顶、颊部、鳃盖及上颌三角部均具鳞。侧线低位，近腹缘，在胸鳍基下方具1分支，向上伸达胸鳍基部。背鳍1个，与臀鳍相对。臀鳍基略长。胸鳍上侧位。腹鳍小，后端不伸达肛门。尾鳍叉形，下叶较长。鳔细小，壁薄。消化道管状。腹膜黑色。中上层小型鱼类，有趋光性。间下鱵为杂食性鱼类，以水生昆虫和落水昆虫为主，也食大型桡足类、枝角类、丝状藻类、水生植物碎屑等，偶尔吞食小鱼。广泛分布于我国淮河、长江、珠江等流域。

实测特征

可数可量性状

测量标本数（尾）	15		
全长（mm）	82～131		
体长（标准长）（mm）	74～118		
体长/头长	2.6～2.9	背鳍前鳞	52～54
体长/体高	12.2～14.3	背鳍鳍条数	2，13～14
体长/尾柄长	6.5～13.6	臀鳍鳍条数	2，15～16
体长/尾柄高	26.5～33.8	胸鳍鳍条数	11
头长/吻长	/	腹鳍鳍条数	I，5
头长/眼间距	/	侧线鳞数	55～59
头长/眼径	9.2～12.9	鳃耙	（8～9）+（19～20）

注：以上样品2023年采自洪泽湖。

鲻形目 Mugiliformes

口小，前颌骨组成口裂上缘。齿细小，绒毛状；或强大，犬齿状；或无齿。鳃孔宽大。鳃盖骨后缘一般无棘。头部与体被圆鳞或栉鳞。侧线有或无。具2个背鳍，彼此相距较远；常由弱鳍棘组成第一背鳍；第二背鳍具1棘以及鳍条8～9条。无脂鳍。胸鳍有时下部具丝状游离鳍条。腹鳍腹位或亚胸位。鳃耙退化；或多而细长。具鳔，无鳔管。

本目产洪泽湖有1科。

鲻科 Mugilidae

体稍侧扁。头宽而平扁。口较小，前位或亚腹位。前颌骨能伸出，上颌骨常隐于前颌骨及眶前骨之下。两颌通常无齿，或具绒毛状细齿。眼侧位，圆形。鳃孔大。具5鳃盖条，鳃盖膜不与峡部相连。体被弱栉鳞，头部常被中大圆鳞，各鳍常被小圆鳞。无侧线。背鳍2个，间距较大。臀鳍与背鳍相对。胸鳍上侧位或中侧位。腹鳍腹位，位于胸鳍末端下方。尾鳍叉形、微凹或截形。

本科产洪泽湖有1属。

鲻属 *Mugil* Linnaeus，1758

Mugil：Syst. Nat.（Linnaeus，1758）

Type-species（模式种）： *Mugil cephalus* Linnaeus，1758.

体前部圆筒形，后部侧扁。头中大。吻宽短。口小，亚腹位。口裂人字形。上颌中央具1缺刻，与下颌凸起吻合，下颌边缘锐利。上颌骨完全被眶前骨掩盖。颌齿细弱，绒毛状，或无齿。眼上侧位，脂眼睑发达。鳃孔宽大。鳃盖膜不与峡部相连。具5～6鳃盖条。体被圆鳞或弱栉鳞，体侧鳞片中央常有不开孔的纵行小管。无侧线。背鳍2个，相距颇远，第一背鳍具4鳍棘，第二背鳍具1鳍棘，8～9鳍条。臀鳍与背鳍相对，同形。胸鳍上侧位。腹鳍胸位。尾鳍叉形或凹形。

本属产洪泽湖有1种。

76 鲻 *Mugil cephalus*（Linnaeus）

文献记载

Mugil cephalus：Syst. Nat. ed.（Linnaeus，1758）；Science（Tchang，1929）。

鲻 *Mugil cephalus*：洪泽湖鱼类调查报告（江苏省淡水水产研究所，2010）；水生生物学报（林明利等，2013）。

鲻 *Mugil cephalus*

基本特征

体淡青黑或灰色，腹部白色。体侧上半有约7条暗色纵纹。各鳍浅灰色，胸鳍基部具1黑色斑块。体前部近圆筒形，后部侧扁。头前端稍平扁，头顶较平而宽。吻宽而钝圆。眼中大，上侧位。脂眼睑发达。眼间隔宽而平。眶前骨下缘和后端均具细锯齿。鼻孔每侧2个，位于眼前上方，前鼻孔圆形，后鼻孔裂缝状。口亚下位，口裂小，较平直；上颌中央有缺刻，下颌中央有凸起；两颌具细齿。舌较大，不游离，位于口腔后部。鳃孔宽大。鳃盖膜与峡部不相连。具假鳃。鳃耙细密。体被栉鳞，头部被圆鳞。第一背鳍基底两侧、胸鳍腋部、腹鳍基底上部和两腹鳍间各有长三角形腋鳞1个。无侧线。背鳍2

个，彼此距离较远。第一背鳍具4棘，第一棘最长，最末鳍棘短而细。臀鳍起点稍前于第二背鳍起点。胸鳍短宽。腹鳍位于胸鳍后下方，短于胸鳍。尾鳍分叉，下叶稍短于上叶。该种由沿海经长江及运河等河道而进入洪泽湖。刮食底泥，以低等藻类为食，也取食少量底栖动物。为中、底层鱼类。广盐性鱼类，通常生活在近岸浅海、河口内，有时也进入下游淡水湖泊；性活泼，善跳跃。该种是咸、淡水及海水养殖的优良品种之一。

实测特征

可数可量性状

测量标本数（尾）	2		
全长（mm）	/		
体长（标准长）（mm）	186～389		
体长/头长	4.0～4.1	纵列鳞	39
体长/体高	4.1～4.2	背鳍鳍条数	Ⅳ，Ⅰ-8
头长/吻长	3.6～4.4	臀鳍鳍条数	Ⅲ，8
头长/眼间距	2.0	胸鳍鳍条数	1，15
尾柄长/尾柄高	1.6	腹鳍鳍条数	1，5
头长/眼径	10.0～12.1	腹棱	无腹棱

注：引自《太湖鱼类志》（倪勇和朱成德，2005）。

合鳃鱼目 Synbranchiformes

体鳗形。口裂上缘由前颌骨及部分颌骨组成。鳃孔位于头的腹面，左、右鳃孔连成一横裂。鳃通常退化。体裸露无鳞。背鳍和臀鳍常退化为皮褶状，无鳍条，与尾鳍相连。无胸鳍。

腹鳍缺如，或很小，喉位，具2鳍条。口腔和肠有呼吸功能。无鳔。

本目产洪泽湖有1科。

合鳃鱼科 Synbranchidae

体鳗形。口裂上缘由前颌骨和部分颌骨组成。后翼骨伸达蝶耳骨。无眶蝶骨和眶下骨。副蝶骨以锯状缝与额骨相连。具后颞额骨。肩胛骨和支鳍骨均消失。鳃孔位于头部腹面，左右连合成一横裂。鳃4个，或退化。背鳍和臀鳍退化成皮褶，无鳍条。无胸鳍。腹鳍很小，或无腹鳍。口腔及肠具呼吸功能。无鳔。

本科产洪泽湖有1属。

黄鳝属 *Monopterus* Lacepède，1800

Monopterus：Hist. Nat. Poiss.（Lacepède，1800）

Type-species（模式种）: *Monopterus javanensis* Lacepède.

体鳗形，细长。体前部圆筒形，向后端逐渐细而侧扁，至尾部尖细。头圆钝。吻钝尖。口前位，口裂大，略斜裂。上颌突出。两颌及腭骨有细齿，齿呈圆锯状。唇厚。无须。眼小。眼间隔宽。左、右鳃孔连合成三角形横裂，腹侧位。鳃盖膜与峡部相连。鳃不发达。体表光滑无鳞。侧线明显。背鳍和臀鳍退化成皮褶，与尾鳍相连，无鳍条。无胸鳍和腹鳍。无鳔。

本属产洪泽湖有1种。

77 黄鳝 *Monopterus albus*（Zuiew）

地方名：鳝鱼、长鱼

文献记载

Muraena alba：Nova. Acta. Acad. Sci. Petropol.（Zuiew，1793）。

Fluta alba：Proc. U. S. Nat. Mus.（Fowler et Bean，1920）；Mem. Asiat. Soc. Bengal（Fowler，1924）；Bull. Fan Mem. Inst. Biol.（Shaw，1930）；Contr. Biol. Lab. Sci. Soc. China（Miao，1934）。

Monopterus javarensis：Contr. Biol. Lab. Sci. Soc. China（张春霖，1928）；Science（Tchang，1929）。

黄鳝 *Monopterus albus*：水生生物学集刊（伍献文，1962）；长江鱼类（中国科学院水生生物研究所，1976）；江苏淡水鱼类（江苏省淡水水产研究所、南京大学生物系，1987）；吴县水产志（陈俊才等，1989）；上海鱼类志（张列士，1990）；浙江动物志·淡水鱼类（徐寿山，1991）。

黄鳝 *Monopterus albus*

基本特征

体背部黄色或黄褐色。腹部色较浅。全体许多黑褐色斑点散布。体鳗形，细长。体前部近圆筒形，向后渐细，后端侧扁，尾细尖。头部膨大，头高大于体高。吻长，钝尖。口前位，口裂伸越眼后下方。两颌和腭骨具圆锥状细齿。唇发达。无须。眼小。眼间隔宽。鳃孔较小，在腹面连成三角形细缝。鳃盖膜与峡部相连。体表光滑无鳞。侧线明显。背鳍和臀鳍退化为低的皮褶，与尾鳍相连。背鳍、臀鳍起点不明显。无胸鳍和腹鳍。尾鳍很小。鳔退化。腹膜褐色。营底栖生活，喜在静水水体的泥质底层钻洞或在堤岸的石隙中穴居，适应力极强，昼伏夜出。鳃不发达，借口腔及喉腔的内壁表皮作为呼吸的辅助器官，离水后不易死亡。肉食性，主要摄食昆虫及其幼虫，也捕食蝌蚪、幼蛙及小型鱼类。冬季停食。黄鳝具有性逆转的特性，从胚胎期到性成熟都是雌性，产卵以后，卵巢始逐渐变成精巢。黄鳝最小性成熟个体为2龄。黄鳝具有较高的经济价值。近年来，人工养殖兴起。分布在我国除西北高原外的各淡水水域。

实测特征

可数可量性状

测量标本数（尾）	5		
全长（mm）	/		
体长（标准长）（mm）	120～510		
体长/头长	10.8～13.7	头长/吻长	4.8～5.7
体长/体高	18.7～27.7	头长/眼间距	6.2～7.1
		头长/眼径	10.8～12.6

注：引自《太湖鱼类志》（倪勇和朱成德，2005）。

鲈形目 Perciformes

通常由前颌骨组成上颌口缘。鳃盖发达，边缘常具棘。体被圆鳞或栉鳞，或无鳞。背鳍1个或2个。一背鳍时由鳍棘和鳍条组成；两背鳍时，第一背鳍由鳍棘组成，鳍棘有时退化或埋于皮下，第二背鳍由鳍条组成。腹鳍胸位或喉位。尾鳍分支鳍条通常不超过15个。腰骨、匙骨常直接相连。头骨无眶蝶骨，具中筛骨。肩带无中喙骨。一般具上下肋骨。无鳔管。无韦伯氏器。

本目产洪泽湖有4亚目。

亚目的检索表

1（6）背鳍无1列锯齿状游离小鳍棘；无眼下刺

2（5）第一鳃弓上无由上鳃骨扩大而成的鳃上器官

3（4）腹鳍正常，左、右腹鳍不显著接近，不形成吸盘；一般具侧线；腹鳍一般胸位；头体通常侧扁；被鳞 …………………………………… 鲈亚目 Percoidei

4（3）左、右腹鳍显著接近，大多数愈合成吸盘；无侧线 …… 虾虎鱼亚目 Gobioidei

5（2）第一鳃弓上具由上鳃骨扩大而形成的鳃上器官 ……. 攀鲈亚目 Anabantoidei

6（1）背鳍具1列锯齿状游离小鳍棘；具眼下刺 ……. 刺鳅亚目 Mastacembeloidei

鲈亚目 Percoidei

上颌骨与前颌骨连接不牢固，一般能活动。第二眶下骨不与前鳃盖骨相连。鼻骨不与额骨相缝合。中筛骨直接伸达犁骨，不形成眼间隔。背鳍棘一般发达。臀鳍通常具鳍棘2～3个。腹鳍胸位或喉位，不愈合成吸盘，具1鳍棘、5鳍条。无鳃上器。尾柄无棘。食道无侧囊。

本亚目产洪泽湖有1科。

鮨科
Sarranidae

体延长或椭圆形，侧扁。口大。上颌骨外露，前颌骨可稍向前伸出。辅上颌骨有或无。两颌齿细尖或绒毛状；犁骨和腭骨常具绒毛状齿。前鳃盖骨后缘常具锯齿。鳃盖骨具棘。鳃盖膜分离。具假鳃。头、体常被栉鳞或圆鳞。侧线1条。背鳍连续或分离。臀鳍短。胸鳍下侧位。腹鳍胸位。尾鳍圆形、截形或分叉。

本科产洪泽湖有1亚科。

鳜亚科
Sinipercinae

体侧扁，后头部隆起或较平缓，或延长。口端位，斜裂，口大。下颌不短于上颌。具辅上颌骨。上下颌、犁骨和腰骨均具绒毛状齿带，两颌内行齿不能倒伏。鳃盖膜不与峡部相连。体被细小圆鳞。侧线完全。背鳍1个，具11～14鳍棘、9～13鳍条。臀鳍具鳍棘3个、鳍条8～10条。腹鳍胸位，具棘鳍1个、鳍条5条。尾鳍圆形。

本亚科产洪泽湖有1属。

鳜属 *Siniperca* Gill，1862

Siniperca：Proc. Acad. Sci. Philad.（Gill，1862）

Type-species（模式种）：*Perca chuatsi* Basilewsky，1855.

体高而侧扁，头后背部隆起。吻尖。口大，斜裂。前颌骨能伸缩。有辅上颌骨。颌齿细小，犁骨和腭骨均具绒毛状齿群。前鳃骨后缘有锯齿，下角及下缘有小棘。鳃盖骨后缘具扁棘1～2个。鳃盖膜分离。具假鳃。体被细小圆鳞。侧线完全。背鳍连续，鳍棘部长于鳍条部。臀鳍短。胸鳍圆形。腹鳍亚胸位。尾鳍圆形。

本属产洪泽湖有2种。

种的检索表

1（2）背鳍具11～12鳍棘，鳃耙7～8；上颌骨伸达眼后缘的后下方；颏下部和鳃盖下部被鳞 …………………… 鳜 *Siniperca chuatsi*

2（1）背鳍具11～12鳍棘，鳃耙6；上颌骨伸达眼后缘的前下方；颏下部和鳃盖下部无鳞 …………………… 大眼鳜 *Siniperca kneri*

78 鳜 *Siniperca chuatsi*（Basilewsky）

地方名：桂鱼、季花鱼、桂花鱼、翘嘴鳜

文献记载

Perca chuatsi：Nauv. Mem. Soc. Nat. Mosc.（Basilewsky，1855）。

Siniperca chuatsi：Proc. U. S. Nat. Mus.（Fowler and Bean，1920）；Mem. Asiat. Soc. Bengal（Fowler，1924）；Proc. Calif. Acad. Sci.（Evermann et Shaw，1927）；Contr. Biol. Lab. Sci. Soc. China（Tchang，1928）；Science（Tchang，1929）。

鳜鱼 *Siniperca chuatsi*：江苏淡水鱼类（江苏省淡水水产研究所、南京大学生物系，1987）。

鳜 *Siniperca chuatsi*：洪泽湖渔业史（《洪泽湖渔业史》编写组，1990）；水生生物学报（林明利等，2013）。

鳜 *Siniperca chuatsi*

基本特征

体黑褐带青黄色，具不规则褐色斑点和斑块，腹面白色。背鳍、臀鳍和尾鳍具黑色点斑，胸鳍和腹鳍浅色。体侧扁，眼后背部显著隆起。头中大。吻尖凸。尾柄短粗。眼中大，略大于眼间距。口端位，口裂大，稍斜。具辅上颌骨。上颌骨后端伸达或超过眼后缘，下颌突出。两颌、犁骨和腭骨均具绒毛状齿群，两颌前部数齿扩大成犬齿。前鳃盖骨后缘具锯齿，下角和下缘各具小棘一对；间鳃盖骨和下鳃盖骨下缘光滑；鳃盖后缘有扁棘2个。鳃孔大。鳃盖膜游离。鳃盖条7。具棒状鳃耙，上有细齿。体被小圆鳞，吻部和眼间无鳞。侧线完全，伸达尾鳍基。背鳍连续，始于胸鳍基上方，鳍棘部基底较鳍条部基底长两倍以上。臀鳍始于背鳍最后鳍棘下方。胸鳍圆形。腹鳍起点位于胸鳍基底下方。尾鳍圆形。鳜一般生活在静水或缓流的水体中，喜水草或乱石滩，冬季常在深水处越冬。昼伏夜出。鳜性凶猛，肉食性，摄食鱼、虾等为主。幼鱼卵黄囊消失后即吞食其他鱼类的幼苗。鳜湖水产卵，卵具油球，为漂流性卵，在流水中呈半漂浮状态。鳜生长迅速，为优质经济鱼类。

实测特征

可数可量性状

测量标本数（尾）	9		
全长（mm）	240～504		
体长（标准长）（mm）	205～417		
头长（mm）	88～152		
体长/头长	2.2～3.3	鳃耙数	7～8
体长/体高	2.7～3.2	背鳍鳍条数	Ⅻ，14～15
体长/尾柄长	6.6～11.2	臀鳍鳍条数	Ⅲ，9～11
体长/尾柄高	6.6～9.0	胸鳍鳍条数	15～16
尾柄长/尾柄高	0.7～1.1	腹鳍鳍条数	Ⅰ，5
头长/头高	1.1～1.6	侧线鳞数	120～140
头长/眼径	8.1～10.4	脊椎骨	26

注：以上样品2023年采自洪泽湖。

79 大眼鳜 *Siniperca kneri*（Garman）

地方名：白桂、桂鱼、桂花鱼、季花鱼

文献记载

Siniperca kneri：Mem. Mus. Comp. Zool.（Garman，1912）。

大眼鳜 *Siniperca kneri*：江苏淡水鱼类（江苏省淡水水产研究所、南京大学生物系，1987）；江苏鱼类志（倪勇、朱成德、伍汉霖，2006）。

大眼鳜 *Siniperca kneri*

基本特征

体黄褐色，腹部灰白色。背鳍、臀鳍和尾鳍均具黑色点纹。体侧扁。头长。吻尖凸，吻长大于眼径。眼大，眼径大于眼间距。口大，斜裂。下颌突出。上颌骨后缘一般不达眼后缘。具辅上颌骨。上下颌、犁骨和腭骨均具细小齿。前鳃盖骨边缘具细锯齿，下角及下缘各具2小棘。鳃盖膜游离。鳃盖条7。具短粗鳃耙。除颊下部和鳃盖下部无鳞外，体被细小圆鳞。侧线完全，呈浅弧形，伸达尾鳍基部。背鳍连续，始于在胸鳍基稍后上方，鳍棘部长约鳍条部的两倍。臀鳍起始于背鳍鳍条部前端下方。胸鳍亚圆形，后端不伸达腹鳍后端上方。腹鳍亚胸位。尾鳍圆形。为肉食性凶猛鱼类，主食鱼类及虾类。习性与鳜相似，更喜生活于流水环境中，常在湖泊沿岸浅水草丛间游动觅食。冬季在岩石洞穴或湖底凹坑中越冬。大多在湖泊入水口水流较急处产卵。产漂浮性卵。

实测特征

可数可量性状

测量标本数（尾）	2		
全长（mm）	/		
体长（标准长）（mm）	166～174		
体长/头长	2.4～2.6	鳃耙	5～6
体长/体高	2.8～2.9	背鳍鳍条数	Ⅻ，13～15
体长/尾柄长	/	臀鳍鳍条数	Ⅲ，9～10
尾柄长/尾柄高	1.1～1.2	胸鳍鳍条数	14～15
头长/吻长	2.9～3.5	腹鳍鳍条数	Ⅰ，5

（续）

头长/眼径	4.1～4.5	侧线鳞数	98～105
头长/眼间距	6.3～7.8	脊椎骨	26～27

注：引自《太湖鱼类志》(倪勇和朱成德，2005)。

虾虎鱼亚目 Gobioidei

体亚圆筒形；或前部平扁，后部侧扁；或体卵圆形，极侧扁；或鳗形。头部具感觉管和感觉管孔，具许多感觉乳突。吻圆钝或突出于上颌。眼中大或小，有的种类眼废退。鼻孔每侧2个，前鼻孔一般具短鼻管，也有的鼻管颇长，悬垂于上唇；后鼻孔无鼻管，圆形。有时有须。鳃孔侧位。鳃盖膜不游离，一般与峡部相连。鳃盖条5～6。体被栉鳞或圆鳞，有时退化或无鳞。无侧线。背鳍2个，或鳍棘部消失，仅具1背鳍；或鳍棘部与鳍条部连续。臀鳍常具1弱鳍棘。腹鳍胸位。左、右腹鳍分离较远，或颇为接近，或愈合成吸盘。

本亚目产洪泽湖有2科。

科的检索表

1（2）鳃盖条6，左、右腹鳍分离，不愈合成一吸盘，肩胛骨大，发达，上部延伸，将胸鳍的近辐骨和匙骨隔开 …………………… 沙塘鳢科 Odontobutidae

2（1）鳃盖条5，左、右腹鳍愈合成吸盘 ……………………… 虾虎鱼科 Gobiidae

沙塘鳢科 Odontobutidae

体粗壮，前部圆筒形，后部略侧扁。头宽大，平扁。头部一般无感觉孔，个别种类在眼后方具感觉孔1个。颊部具感觉乳突。眼上方有或无细弱骨质嵴，但无细小锯齿。口前位，口大。下颌突出，长于上颌。上、下颌齿多行，细尖。鳃孔宽大，向前下方延伸至前鳃盖骨下方。前鳃盖骨与鳃盖骨边缘光滑。鳃盖条6。体被带鳞或圆鳞。无侧线。背鳍2个。臀鳍与第二背鳍相对。胸鳍圆形。左右腹鳍相不愈合成吸盘。尾圆形或稍尖长。肩胛骨大，发达，其上部延伸，将胸的近辐骨和匙骨隔开。

本科产洪泽湖有2属。

属的检索表

1（2）头部及躯干部均侧扁 ·································· 小黄黝鱼属 *Micropercops*

2（1）头部略平扁，体前部亚圆筒形，后部稍侧扁 ·········· 沙塘鳢属 *Odontobutis*

小黄黝鱼属 *Micropercops* Fowler et Bean，1920

Micropercops：Proc. U. S. Nat. Mus.（Fowler et Bean，1920）

Type-species（模式种）： *Micropercops dabryi* Fowler et Bean，1920＝*Micropercops swinhonis* Günther，1873.

体延长，侧扁。头宽大，侧扁。峡部不突出，具4条感觉乳突线。吻短而圆钝，或尖突。口小或中大，前位。两颌具细尖齿，犁骨和腭骨均无齿。唇略厚。舌发达，前端圆形或平截形。眼中大，上侧位，眼上方无骨质嵴。眼间隔狭窄。鼻孔每侧2个，分离。鳃孔较宽，侧位。前鳃盖骨边缘光滑，无棘。假鳃发达。鳃耙细短。体被栉鳞，头部被小圆鳞或鳃盖被栉鳞。无侧线。背鳍2个，臀鳍与第二背鳍同形。胸鳍尖长。尾鳍圆形或尖长。

本属产洪泽湖有1种。

80 小黄黝鱼 *Micropercops swinhonis*（Günther）

地方名：黄黝鱼

文献记载

Eleotris swinhonis Günther：Ann. Mag. Nat. Hist.（Günther，1873）；Bull. Fan Mem. Inst. Biol.（Shaw，1930）；Contr. Biol. Lab.（Miao，1934）；J. Shanghai Sci. Inst.（Kimura，1934）。

Micropercops dabryi：Proc. U. S. Nat. Mus.（Fowler and Bean，1920）；Manual of Vertebrate Animals（Reeves，1931）。

Micropercops cinctus：J. Pan –Pacific Res.Inst.（Reeves，1927）。

Hypseleotris swinhonis：西湖鱼类志（朱元鼎，1932）；Synopsis Fish.（Fowler，1972）。

Perccottus swinhonis：Bull. Fan Mem.Inst. Biol.（Tchang，1939）。

黄黝鱼 *Hypseleotris swinhonis*：水生生物学集刊（伍献文，1962）；江苏淡水鱼类（江苏省淡水水产研究所、南京大学生物系，1987）；浙江动物志·淡水鱼类（郑米良，1991）。

小黄黝鱼 *Micropercops swinhonis*：湖泊科学（朱松泉，2004）；江苏鱼类志（倪勇、朱成德、伍汉霖，2006）。

小黄黝鱼 *Micropercops swinhonis*

基本特征

体延长，侧扁；尾柄长小于体高。头中大，较尖，侧扁，背部隆起。吻尖突，吻长小于或等于眼径。眼中大，背侧位。眼间距狭，小于或等于眼径。口中大，端位。两颌齿尖细，绒毛状，无犬齿，多行；犁骨、腭骨和舌无齿。唇略厚，发达。舌游离，前端浅弧形。前鳃盖骨无棘。鳃孔大，侧位。前鳃盖骨边缘光滑，无棘。峡部狭窄。具假鳃。鳃耙短小。体被中大栉鳞，胸部和胸鳍基部被小圆鳞。无侧线。第一背鳍高，基部短，鳍棘柔软，第三鳍棘最长；第二背鳍略高于第一背鳍，基部较长。胸鳍宽圆，下侧位。腹鳍略短于胸鳍，圆形，左右腹鳍分离。尾鳍长圆形，短于头长。肛门与第二背鳍起点相对。小黄黝鱼为淡水小型底栖鱼类，生活于河溪、池塘、湖沼的浅水水域之中下层及入湖溪流的水草丛中，喜潜伏于水底，以浮游动物、水生昆虫、硅藻等为食。

实测特征

可数可量性状

测量标本数（尾）	5		
全长（mm）	/		
体长（标准长）（mm）	32～44		
头长（mm）	/		
体长/头长	3.3～3.6	鳃耙	3+8
体长/体高	3.9～4.3	背鳍鳍条数	Ⅷ，Ⅰ-10～11
体长/尾柄长	/	臀鳍鳍条数	Ⅰ，8
尾柄长/尾柄高	2.2～2.4	胸鳍鳍条数	14～15
头长/吻长	4.3～4.5	腹鳍鳍条数	Ⅰ，5
头长/眼径	4.0～4.3	横列鳞	10～11
头长/眼间距	4.1～4.4	纵列鳞	30～33

注：引自《太湖鱼类志》（倪勇和朱成德，2005）。

沙塘鳢属 *Odontobutis* Bleeker，1874

Odontobutis：Arch. Neerl. Sci. Nat.（Bleeker，1874）

Type-species（模式种）： *Eleotris obscura* Temminck and Schlegel，1847.

体延长，粗壮。头大，前部宽而平扁。颊部具感觉乳突。吻宽短。眼小稍突出，上侧位。口大，斜裂，亚前位。下颌稍突出。两颌齿细小，多行；犁骨和腭骨均无齿。舌宽，前端圆形。前鳃盖骨边缘光滑。鳃孔大，超过前鳃盖骨下方。峡部宽大，鳃孔膜游离。前鳃盖骨边缘光滑。鳃盖条6个。体被栉鳞，眼后头部及鳃盖具细小圆鳞。无侧线。背鳍2个，分离。胸鳍大而圆形。左、右腹鳍不愈合。尾鳍圆形。

本属产洪泽湖有1种。

81 河川沙塘鳢 *Odontobutis potamophila* (Günther)

地方名：塘鳢、塘鳢鱼、虎头鱼、荡鲋鱼、土布鱼、沙鳢、笋壳鱼

文献记载

Eleotris potamophila：Ann. Mag. Nat. Hist.（Günther，1872）；Contr. Biol. Lab. Sci. Soc. China（Tchang，1928）；Science（Tchang，1929）；Bull. Fan Mem. Inst. Biol.（Shaw，1930）；Contr. Biol. Lab. Sci. Soc. China（Miao，1934）。

Butis butis：Proc. U. S. Nat. Mus.（Fowler et Bean，1920）；J. Pan–Pacific Res.（Reeves，1927）；Bull. Fan Mem. Inst. Biol.（Tchang，1939）。

Eleotris obscura：Mem. Asiat. Soc. Bengal（Fowler，1924）。

Eleotris butis：Manual of Vertebrate Animals（Reeves，1931）。

Gobiomophus potamophila：Bull. Fan Mem.Inst.（Tchang，1939）。

Odontobutis obscura：Bull. Fan Mem. Inst.（Tchang，1939）。

Mogurnda obscura：Japan J. Zool.（Tomiyama，1936）；Synopsis Fishes China（Fowler，1972）。

Gobiomophus potamophila：Bull. Fan Mem. Inst. Biol.（Tchang，1939）。

塘鳢 *Odontobutis obscura*：水生生物学集刊（伍献文，1962）。

河川鲈塘鳢 *Perccottus potamophila*：海洋与湖沼（朱元鼎、伍汉霖，1965）。

沙鳢 *Odontobutis obscura*：长江鱼类（中国科学院水生生物研究所，1976）；吴县水

河川沙塘鳢 *Odontobutis potamophila*

产志（陈俊才等，1989）。

沙塘鳢 *Odontobutis obscura*：江苏淡水鱼类（江苏省淡水水产研究所、南京大学生物系，1987）；上海鱼类志（中国水产科学研究院东海水产研究所等编著）（倪勇、朱成德，1990）；浙江动物志·淡水鱼类（毛节荣主编）（郑米良，1991）。

峭塘鳢 *Butis butis*：上海鱼类志（中国水产科学研究院东海水产研究所等编著）（倪勇、朱成德，1990）。

河川沙塘鳢 *Odontobutis potamophila*：上海水产大学学报（伍汉霖等，1993）；湖泊科学（朱松泉，2004）；内陆水产（陈祖培、许爱国等，2004）；江苏鱼类志（倪勇、朱成德、伍汉霖，2006）。

基本特征

体黑褐色。体侧具宽黑色斑块3～4个，横跨背部。头侧和腹面有许多黑斑或点纹。头侧及腹面有许多黑色斑块及点纹。第一背鳍有一浅色斑块，其余各鳍浅褐色，具多行暗色点纹。胸鳍基部上下方各具一长条状黑斑。尾鳍边缘白色，基底有时具2个黑色斑块。体粗壮，前部圆筒形，后部侧扁。背缘、腹缘浅弧形隆起，尾柄较高。头宽大，平扁。吻宽短。眼小，背侧位，稍突出。眼间距宽，眼上缘骨嵴弱。眼的后方具感觉管孔。鼻孔每侧2个，分离。口端位，口裂大，斜裂。下颌突出，上颌骨后延伸达眼中部。两颌齿多行排列成绒毛状齿带，细小。犁骨和腭骨无齿。唇厚。舌大，游离，前端圆形。鳃孔宽大，向头部腹面延伸达眼前缘或中部的下方。前鳃骨盖后下缘无棘。鳃孔大。鳃盖膜不与峡部相连。鳃耙粗短，稀少。体被栉鳞。腹部、胸鳍基、头部眼后被圆鳞。吻和头的腹面无鳞。无侧线。头部感觉管发达，排列成行。背鳍2个，分离。臀鳍和第二背鳍相对。胸鳍宽圆，扇形。腹鳍较短小，起点在胸鳍基底下方，左右腹鳍相互靠近，不愈合成吸盘，末端远不达肛门。尾鳍圆形。河川沙塘鳢生活于湖泊沿岸、湖湾和河沟的底层，喜栖于水草丛生、泥沙河碎石混杂的浅水区，游泳力较弱。幼鱼捕食底栖蠕虫、水生昆虫和甲壳类等，成鱼以小鱼虾为食。

实测特征

可数可量性状

测量标本数（尾）	5
全长（mm）	/
体长（标准长）（mm）	42～160

（续）

头长（mm）	/		
体长/头长	2.6～2.9	鳃耙	1～3+5～10
体长/体高	3.8～4.3	背鳍鳍条数	Ⅶ，Ⅰ，9～10
体长/尾柄长	/	臀鳍鳍条数	Ⅰ，8
尾柄长/尾柄高	1.2～1.4	胸鳍鳍条数	14～15
头长/吻长	3.8～4.2	腹鳍鳍条数	Ⅰ，5
头长/眼径	4.2～5.1	横列鳞	14～16
头长/眼间距	4.0～5.0	纵列鳞	34～36

注：引自《太湖鱼类志》（倪勇和朱成德，2005）。

虾虎鱼科 Gobiidae

体前部圆筒形，后部侧扁；或体卵圆形，侧扁；或呈鳗形。头侧扁或平扁。眼小或中大，突出于头的背缘外，侧位或背侧位，或废退。有或无游离眼睑。口前位或下位，两颌等长，有时上颌或下颌突出。两颌具1至数行齿，外行齿不分叉或呈三叉型，或平直，或向内弯曲。犁骨及腭骨一般无齿。前鳃盖骨边缘光滑或具锯齿，或有1～2棘。鳃孔小或中大。鳃盖膜与峡部相连。鳃盖条5。体被栉鳞或圆鳞，或无鳞。无侧线。背鳍2个或背鳍1个连续。臀鳍与第二背鳍常相对。胸鳍大，圆形，基部肌肉不发达，或发达，具臂状肌柄。腹鳍胸位，左右愈合成吸盘。尾鳍圆或尖形。常无鳔。无幽门盲囊。

本科产洪泽湖有2亚科。

亚科的检索表

1（2）体不呈鳗形；背鳍2个，分离，有时第一背鳍消失；背鳍、臀鳍不与尾鳍相连，上、下颌齿多行，少数2行，直立；无下眼睑；胸鳍不发达，基部无状肌柄 ·········· 虾虎鱼亚科 Gobiinae

2（1）体呈鳗形；两背鳍连续，中间无深缺刻，起点位于体前半部，背鳍、臀鳍与尾鳍相连 ·········· 近盲虾虎鱼亚科 Amblyopinae

虾虎鱼亚科 Gobiinae

体前部圆筒形，后部侧扁。头平扁或稍侧扁。吻圆钝。颊部稍隆起。眼侧位。无游离下眼睑。鼻孔每侧2个。口中大或小。上下颌齿尖锐，多行。犁骨及腭骨一般无齿。前鳃盖骨后缘光滑，或有细锯齿，或有长棘1～2个。鳃盖条5。体被栉鳞或圆鳞；有时无鳞。无侧线。背鳍2个，或第一背鳍退化，仅剩第二背鳍1个。臀鳍与第二背鳍相对。胸鳍大，圆形，基部肌肉不发达，无臂状肌柄。腹鳍胸位。左右腹鳍愈合成一吸盘；或分离，不愈合成吸盘。尾鳍圆形或尖长形。

本亚科产洪泽湖有2属。

属的检索表

1（2）背鳍2个，第一背鳍具6鳍棘，两颌外行齿三叉型；腹鳍膜盖上的鳍棘附近无突起 ………………………………………………… 缟虾虎鱼属 *Tridentiger*

2（1）两颌外行齿不呈三叉型；腹鳍膜盖上的鳍棘附近具2叶突起 ………………………………………………… 吻虾虎鱼属 *Rhinogobius*

缟虾虎鱼属 *Tridentiger* Gill，1858

Tridentiger：Ann. Lyc. Nat. Hist. N.Y.（Gill，1858）

Type-species（模式种）： *Sicydium obscurum* Temminck et Schlegel，1845.

体粗壮，前部圆筒形，后部略侧扁。头宽大，头背部无皮崎冠状突起。颊部肌肉发达，隆起，无横列的皮褶突起。吻短钝。眼小，上侧位。眼下缘无放射状感觉乳突线。眼间隔宽平。口大，斜裂。上、下颌约等长，或上颌稍突出。上、下颌齿发达，2行。犁骨、腭骨均无齿。唇发达。舌宽，前端圆形。头侧无触须，有时或具多行短须。鳃孔大。峡部宽大。鳃盖膜不游离与峡部相连。鳃盖条5。具假鳃。体被栉鳞，头部常无鳞。无侧线。背鳍2个，分离。臀鳍与第二背鳍相对。胸鳍宽圆。左、右腹鳍愈合成一吸盘。尾鳍圆形。无鳔。脊椎骨26枚。

本属产洪泽湖有1种。

82 双带缟虾虎鱼 *Tridentiger bifasciatus* (Steindachner)

地方名：缟鲨

文献记载

Tridentiger bifasciatus：Sitzungsber. Akad Wiss. Wien. (Steindachner，1881)；Contr. Biol. Lab. Sci. Soc. China (Wu，1931)；Sci. Ouart. Natl. Univ. Peking (Wang，1933)；Contr. Biol Lab. Sci. Soc. China (Wang，1935)。

Tridentiger bucco：Sc. Oart. Natl. Univ. Peking (Wang，1933)。

Tridentiger trigonocephalus：台湾鱼类志 (李信彻，1993)。

双带缟虾虎鱼 *Tridentiger bifasciatus*：中国动物志 · 硬骨鱼纲 · 鲈形目 · 虾虎鱼亚目 (伍汉霖、钟峻生，2007)；南水北调东线须鳗虾虎鱼和双带缟虾虎鱼的入侵过程和生活史研究 (秦蛟，2018)。

双带缟虾虎鱼 *Tridentiger bifasciatus*

基本特征

体呈灰褐色或浅褐色，背部色深，腹部浅色，成鱼体侧常具2条黑褐色纵带。头侧及头部腹面密具许多白色小圆点。体粗壮，前部圆筒形，后部略侧扁；尾柄颇高。头颇宽大，略平扁，背视具三角形突出。头部具6个感觉管孔。颊部肌肉发达，颇隆突，具

3～4条感觉乳突线。吻部较长，前端圆钝。眼小位于头的前半部。鼻孔分离，每侧2个；前鼻孔圆形，具短管；后鼻孔小，裂缝状，位于眼前方。口大，稍斜裂。上颌骨后端伸达眼后缘。上、下颌各有齿2行。犁骨、腭骨及舌上均无齿。唇厚。舌游离。头部无须。鳃孔较宽。鳃盖骨上方有3个感觉管孔。峡部宽大，鳃盖膜与峡部相连。鳃盖条5根。前鳃盖骨与鳃盖骨边缘光滑。鳃耙钝尖而短。体被中大栉鳞。头部无鳞，项部具背鳍前鳞，前延至鳃盖骨上方，不伸达眼后。腹部及胸鳍基部被小型圆鳞。无侧线。背鳍2个，彼此分离。臀鳍与第二背鳍相对。胸鳍宽圆，稍大于眼后头长。腹鳍中大，膜盖发达，边缘深凹，左、右腹鳍愈合成一吸盘。尾鳍后端圆形。肛门与第二背鳍起点相对。双带缟虾虎鱼为近岸底层小型鱼类，广盐性，栖息于河口半咸、淡水水域、内湾及近岸浅水沙泥底质处，洪泽湖中该物种与南水北调东线工程调水有关。性凶猛，摄食小型鱼虾、其他底栖无脊椎动物（如河蚬）等。

实测特征

可数可量性状

测量标本数（尾）	4		
全长（mm）	/		
体长（标准长）（mm）	28～33		
头长（mm）	/		
体长/头长	3.2～3.4	鳃耙	3+8
体长/体高	5.3～5.6	背鳍鳍条数	Ⅵ，Ⅰ-8～9
体长/尾柄长	/	臀鳍鳍条数	Ⅰ，8～9
尾柄长/尾柄高	1.9～2.1	胸鳍鳍条数	Ⅰ，17～19
头长/吻长	3.1～3.4	腹鳍鳍条数	Ⅰ，5
头长/眼径	4.6～5.0	横列鳞	9
头长/眼间距	4.0～4.5	纵列鳞	32～34

注：引自《太湖鱼类志》（倪勇和朱成德，2005）。

吻虾虎鱼属 *Rhinogobius* Gill，1859

Rhinogobius：Proc. Acad. Nat. Sci. Philad（Gill，1859）

Type-species（模式种）：*Rhinogobius similis* Gill，1859.

体前部圆筒形，后部侧扁。头宽大，前部平扁或侧扁。峡部突出。吻圆钝或尖钝。眼中大或小，上侧位。眼间距狭。鼻孔每侧2个，分离，前鼻孔具1短管；后鼻孔小，裂缝状。口中大，前位，斜裂。两颌约等长，或下颌稍突出。两颌齿各具数行，犁骨和腭骨无齿。无须。舌发达，游离。鳃孔较宽，侧位。鳃盖膜与峡部相连。鳃盖条5。具假鳃。鳃耙短小。体被栉鳞。头部常无鳞。无侧线。背鳍2个。臀鳍与第二背鳍相对。胸鳍中大，无游离鳍条。左、右腹鳍愈合成一吸盘。尾鳍钝尖，短于头长。

本属产洪泽湖有2种。

种的检索表

1（2）头部在眼前方有4～5条黑褐色蠕虫状条纹，颊部及鳃盖有5条斜向前下方的暗色细条纹，胸鳍基底上端有一黑斑点，背鳍前具12～13鳞；第一背鳍第一和第二鳍棘间的鳍膜上无明显黑斑
……………………………………………… 子陵吻虾虎鱼 *Rhinogobius giurinus*

2（1）头部在眼前方无黑褐色蠕虫状条纹，颊部及鳃盖无斜向前下方的暗色细条纹，胸鳍基底上端无黑斑；无背鳍前鳞，个别个体背鳍前仅具4～5鳞，第一背鳍第一和第二鳍棘间的鳍膜上具一明显黑斑
………………………………………… 波氏吻虾虎鱼 *Rhinogobius cliffordpopei*

83 波氏吻虾虎鱼 *Rhinogobius cliffordpopei*（Nichols）

地方名：小黄鱼

文献记载

Gobius cliffordpopei：Amer. Mus. Novit.（Nichols，1925）。

裸背栉虾虎鱼 *Ctenogobius cliffordpopei*：吴县水产志（陈俊才等，1989）。

波氏吻虾虎鱼 Rhinogobius cliffordpopei

波氏栉虾虎鱼 *Ctenogobius cliffordpopei*：动物分类学报（郑米良、伍汉霖，1985）；上海鱼类志（倪勇和朱成德，1990）；浙江动物志·淡水鱼类（郑米良，1991）。

波氏吻虾虎鱼 *Rhinogobius cliffordpopei*：中国脊椎动物大全（伍汉霖，2000）；太湖鱼类志（倪勇和朱成德，2005）。

基本特征

体灰褐色。体侧具深褐色横纹6～7条，雄鱼第一背鳍前部有一蓝褐色斑点，各鳍黑褐色，有的个体两背鳍和胸鳍上缘浅灰色。头腹面黑褐色。体前部略平扁，后部侧扁。头大，圆钝。吻宽钝。眼较大，背侧位。眼间隔狭窄，稍内凹。口小，端位，斜裂。上颌骨末端伸达眼前缘下方。唇略厚，发达。舌前端游离，圆形或截形。颊部肌肉发达。鳃孔中大，侧位，向头部腹面延伸，止于鳃盖骨后缘下方稍后处。鳃盖膜与峡部相连。鳃耙粗短。体被栉鳞，头部、颊部、鳃盖部无鳞。胸部、腹部、胸鳍基部均无鳞。无侧线。背鳍2个，分离。臀鳍起点约与第二背鳍第二鳍条相对。胸鳍宽圆，下侧位。腹鳍略短于胸鳍，圆盘状，膜盖发达。左、右腹鳍愈合成一吸盘。尾鳍长圆形，略短于头长。肛门与第二背鳍起点相对。雄鱼生殖乳突细长而尖，雌鱼生殖乳突短钝。小型底层鱼类，喜伏卧水底。食性杂，摄食底栖蠕虫、小虾、大型浮游动物、鱼卵等。

实测特征

可数可量性状

测量标本数（尾）	4		
全长（mm）	/		
体长（标准长）（mm）	28～33		
头长（mm）	/		
体长/头长	3.2～3.4	鳃耙	3＋8
体长/体高	5.3～5.6	背鳍鳍条数	Ⅵ，Ⅰ-8～9
体长/尾柄长	/	臀鳍鳍条数	Ⅰ，8～9
尾柄长/尾柄高	1.9～2.1	胸鳍鳍条数	Ⅰ，17～19
头长/吻长	3.1～3.4	腹鳍鳍条数	Ⅰ，5
头长/眼径	4.6～5.0	横列鳞	9
头长/眼间距	4.0～4.5	纵列鳞	28～29

注：引自《太湖鱼类志》（倪勇和朱成德，2005）。

84 子陵吻虾虎鱼 *Rhinogobius giurinus*（Rütter）

地方名：小黄鱼

文献记载

Gobius giurinus Rütter：Proc. Acad. Nat. Sci. Philad.（Rütter，1897）；Contr. Biol. Lab. Sci. Soc. China（Miao，1934）。

Gobius caninus：Mem. Asiat. Soc. Bengal（Fowler，1924）。

Ctenogobius giurinus：Mem. Carn. Mus.（Jordan and Hubbs，1925）；Bull. Fan Mem. Inst. Biol.（Tchang，1939）。

吻虾虎鱼 *Rhinogobius giurinus*：长江鱼类（中国科学院水生生物研究所，1976）；江苏淡水鱼类（江苏省淡水水产研究所、南京大学生物系，1987；湖泊科学（朱松泉，2004）。

虾虎鱼 *Gobius hydropterus*：水生生物学集刊（伍献文，1962）。

子陵栉虾虎鱼 *Ctenogobius giurinus*：上海鱼类志（倪勇和朱成德，1990）；浙江动物志·淡水鱼类（郑米良，1991）；内陆水产（陈祖培、许爱国等，2004）。

子陵吻虾虎鱼 *Rhinogobius giurinus*：江苏鱼类志（倪勇、朱成德、伍汉霖，2006）。

子陵吻虾虎鱼 *Rhinogobius giurinus*

基本特征

体延长，前部近圆筒形，后部稍侧扁；尾柄颇长。头中大，圆钝，前部宽而平扁，头宽大于头高。吻圆钝，颇长，吻长大于眼径。眼中大，背侧位。眼间隔狭窄。鼻孔每侧2个，分离。口中大，前位，斜裂。上颌骨后端伸达眼前缘下方。上、下颌齿细小，无犬齿；犁骨、腭骨及舌上均无齿。唇略厚。舌游离，前端圆形。鳃孔中大，侧位。峡部宽。鳃盖膜与峡部相连。鳃盖条5。具假鳃。鳃耙短小。体被中大栉鳞，头的吻部、颊部、鳃盖部无鳞。胸部、腹部及胸鳍基部均无鳞，腹部具小圆鳞。无侧线。背鳍2个。第一背鳍高，基部短；第二背鳍略高于第一背鳍，基部较长。臀鳍与第二背鳍相对，同形。胸鳍宽大，圆形，下侧位。腹鳍略短于胸鳍，长圆形，膜盖发达；左、右腹鳍愈合成一吸盘；尾鳍长圆形，短于头长。肛门与第二背鳍起点相对。淡水小型鱼类，栖息于江、河中下游、湖泊、水库及池沼的沿岸浅滩，有时也栖息于河口。喜在池、溪水清澈之湖、潭中生活，常散居于石缝或在石下挖穴。领域性强。常在水底匍匐游动，摄食小鱼、虾、水生昆虫、水生环节动物、浮游动物和菜类等。

实测特征

可数可量性状

测量标本数（尾）	14
全长（mm）	48～73
体长（标准长）（mm）	38～59
头长（mm）	9～16

（续）

体长/头长	3.2～4.3	背鳍鳍条数	Ⅵ，Ⅰ-8～9
体长/体高	4.4～5.7	臀鳍鳍条数	Ⅰ，8～9
体长/尾柄长	5.8～8.4	胸鳍鳍条数	19～21
体长/尾柄高	7.8～10.7	腹鳍鳍条数	Ⅰ，5
尾柄长/尾柄高	1.2～2.0	背鳍前鳞	12～13
头长/头高	1.3～1.8	鳃耙	（2～3）+（6～7）
头长/眼径	3.6～5.0		

注：以上样品2023年采自洪泽湖。

近盲虾虎鱼亚科 Amblyopinae

体向后延长，鳗形。头短小。吻短而圆钝。眼甚小，常呈废退状，埋于皮下，无游离眼睑。鼻孔每侧2个。口小或中等大，前位或上位，斜裂或近于垂直。上、下颌等长或下颌突出。上、下颌齿多行，外行齿常扩大。鳃孔狭小，侧位。鳃盖上方的凹陷或有或无。峡部宽。鳃盖膜与峡部相连。体裸露无鳞或被细小圆鳞。无侧线。背鳍1个，连续。臀鳍具1鳍棘；背鳍和臀鳍基部均甚长，常与尾鳍相连。胸鳍尖长或短小。左、右腹鳍愈合成一吸盘，后缘完整或凹入。尾鳍尖长。

本亚科产洪泽湖有1属。

鳗虾虎鱼属 *Taenioides* Lacepède，1800

Taenioides Lacepède：Hist. Nat. Poiss.（Lacepède，1800）

Type-species（模式种）： *Taenioides hermannii* Lacepède，1800.

体延长，鳗形，侧扁。头圆形，略平扁。吻宽而圆钝。眼退化，隐于皮下。眼间隔稍宽，圆凸。口短宽，口中大，下颌及颏部显著突出。具大型犬齿；内侧齿多行，排列成齿带；下颌缝合部后方无犬齿。舌游离，前端圆形。鳃孔中大，下侧位。峡部宽。鳃盖条5。鳃盖膜与峡部相连。鳃耙短小。有假鳃。体裸露无鳞，或被退化小鳞，头裸露。背鳍连续，起点位于体的前半部。臀鳍和背鳍相对，同形。背鳍、臀鳍和尾鳍相连。胸鳍小，显著短于腹鳍。腹鳍颇大，左、右腹鳍愈合成一圆形吸盘。尾鳍尖长。

本属产洪泽湖有1种。

85 须鳗虾虎鱼 *Taenioides cirratus*（Blyth）

文献记载

Amblyopus cirratus Blyth：J. Asiat. Soc. Bengal（Blyth，1806）。

须鳗虾虎鱼 *Taenioides cirratus*：东海鱼类志（朱元鼎、伍汉霖，1963）；上海鱼类志（倪勇、朱成德，1990）；江苏鱼类志（倪勇、朱成德、伍汉霖，2006）。

盲狼牙虾虎鱼 *Taenioides caeculus*：太湖综合调查初步报告（中国科学院南京地理和湖泊研究所，1965）。

体延长，前部近圆筒形，后部侧扁，略呈鳗形，背缘、腹缘几平直，近尾端渐细小。头宽短，亚圆筒形，无感觉管孔，头长小于腹鳍基底后缘至肛门的距离。吻圆钝。眼退化，隐于皮下。眼间隔宽，稍圆突。鼻孔每侧2个，分离。口中大，宽短，上位，近垂直。具许多外露的大犬齿；上颌外行齿每侧5～6个；下颌者每侧4个；内行齿多行，成绒毛状齿带；下颌缝合部后方无犬齿。舌游离。鳃孔中大，下侧位。峡部宽。鳃盖膜与峡部相连具假鳃。鳃耙短小。体裸露无鳞。

背鳍1个，鳍棘部与鳍条部连续，起点位于体的前半部，后端具一缺刻，和尾鳍不连，第六鳍棘与第五及第一鳍条均有稍大距离。臀鳍和背鳍鳍条相对，同形，基部长。腹鳍颇长，左右腹鳍愈合成一漏斗状吸盘，后缘完整。尾鳍尖长。体呈红色带蓝灰色，腹部浅色。栖息于沙岸、港湾、红树林、湿地或河口咸淡水水域及泥质近海滩涂上。常隐于洞穴内。杂食性。

须鳗虾虎鱼 *Taenioides cirratus*

实测特征

可数可量性状

测量标本数（尾）	4		
全长（mm）	/		
体长（标准长）（mm）	80～167		
头长（mm）	/		
体长/头长	7.0～7.6		
体长/体高	12.8～14.0	背鳍鳍条数	Ⅵ，39～40
体长/尾柄高	/	臀鳍鳍条数	Ⅰ，38～39
体长/尾柄长	/	胸鳍鳍条数	14～15
尾柄长/尾柄高	/	腹鳍鳍条数	Ⅰ，5
头长/吻长	3.3～3.5	鳃耙	（1～2）+（9～10）
头长/眼径	4.0～4.2	腹棱	/

注：引自《太湖鱼类志》（倪勇和朱成德，2005）。

攀鲈亚目 Anabantoidei

体方长。鳃孔较大，侧位。鳃盖膜游离。具鳃上副呼吸器。体被圆鳞或栉鳞，头部亦被鳞。侧线完全，或中断为二，或无。背鳍1个。臀鳍基部长。腹鳍胸位或亚胸位，左、右腹鳍接近；或无腹鳍。尾鳍圆形或楔形，少数分叉。鳔长，无管。

本亚目产洪泽湖有2科。

科的检索表

1（2）鳃上器由第一鳃弓的上鳃骨扩大形成；背鳍和臀鳍通常具棘；体被栉鳞；头部侧扁，不为蛇头形，头顶无大型鳞片；腹鳍胸位；背鳍基短于臀鳍基 ……………………………………………………………… 斗鱼科 Belontiidae

2（1）鳃上器由第一鳃弓的上鳃弓和舌颌骨各一部分扩展而成；背鳍和臀鳍无棘；体被圆鳞，头部平扁，蛇头形，头顶有大型鳞片；腹鳍如有，则为前腹位；背鳍基长于臀鳍基 ……………………………………………… 月鳢科 Channidae

斗鱼科 Belontiidae

体卵圆形，侧扁。头短钝。口上位。下颌突出。两颌齿细尖，犁骨和腭骨均无齿。眼大，前鳃盖骨和下鳃盖骨边缘具细锯齿。鳃孔较狭。左、右鳃盖膜愈合，不与峡部相连。由第一鳃弓的上鳃骨扩大形成鳃上器。体被栉鳞。侧线退化，不明显。背鳍连续，始于胸鳍基之后。臀鳍具12～21鳍棘。胸鳍圆形。腹鳍胸位，第一鳍条延长成丝状。尾鳍分叉或圆形。

本科产洪泽湖有1属。

斗鱼属 *Macropodus* Lacepède，1802

Macropodus Lacepède：Hist. Nat. Poiss.（Lacepède，1802）

Type-species（模式种）： *Macropodus viridiauratus* Lacepède，1801.

体长卵圆形，侧扁。头中大。吻短钝。眼大，侧上位，眶前骨下缘具锯齿。口小，口裂斜。颌齿细小，锥形，犁骨和腭骨均无齿。前盖骨和下鳃盖骨边缘具细齿。体被中等大的栉鳞，排列整齐。侧线退化而不明显。背鳍鳍棘部和鳍条部相连，始于胸鳍基底后上方，具12～19鳍棘、5～8鳍条。尾鳍叉形或圆形。

本属产洪泽湖有1种。

86 圆尾斗鱼 *Macropodus chinensis*（Bloch）

地方名：火烧鳑鲏、蝶鱼、菩萨鱼

文献记载

Chaetodon chinensis Bloch：Ausland Fishche.（Bloch，1790）。

Polycanthus opercularis Günther：Ann. Mag. Nat. Hist.（Günther，1873）；Proc. U. S. Nat. Mus.（Fowler et Bean，1920）；Mem. Asiat. Soc. Bengal（Fowler，1924）。

Macropodus opercularis：Contr. Biol. Lab. Sci.Soc. China（Tchang，1928）；Science（Tchang，1929）；Bull. Fan Mem. Inst. Biol.（Shaw，1930）。

斗鱼 *Macropodus chinensis*：水生生物学集刊（伍献文，1962）。

圆尾斗鱼 *Macropodus chinensis*：长江鱼类（中国科学院水生生物研究所，1976）；江苏淡水鱼类（江苏省淡水水产研究所、南京大学生物系，1987）；上海鱼类志（倪勇、朱成德，1990）。

圆尾斗鱼 *Macropodus chinensis*

基本特征

体长椭圆形，侧扁，背、腹缘广弧形。头中大，侧扁，尖突。眼大，上侧位。口小，上位，斜裂。下颌稍突出。两颌均具细齿，犁骨和腭骨无齿鳃孔较狭。左、右鳃盖膜相连，与峡部分离。鳃腔上方具1宽大上鳃腔，第一鳃弓的上鳃骨片旋入，扩大成一球状鳃上副呼吸器官。体被中大栉鳞，头部被圆鳞。背鳍基和臀鳍基的后半部具鳞鞘。侧线退化，不明显。鳔1室，中大。背鳍1个，鳍棘部和鳍条部相连，始于胸鳍基底后上方。臀鳍和背鳍同形。胸鳍小，圆形，下侧位。尾鳍圆形。体暗褐色。体侧具10条以上蓝色横带，吻端至眼下及眼后至鳃盖各具1暗色斜带，鳃盖后缘具1蓝色圆斑。背鳍、臀鳍、尾鳍和腹鳍微红色，有绿色细点，胸鳍淡色。生活于湖周内港浅水处和池塘。摄食浮游动物和水昆虫及其幼体。

实测特征

可数可量性状

测量标本数（尾）	5
全长（mm）	/
体长（标准长）（mm）	25～52

（续）

头长（mm）	/		
体长/头长	3.0～3.2		
体长/体高	2.6～3.0	背鳍鳍条数	XV～XIV，7～8
体长/尾柄长	/	臀鳍鳍条数	XVIII～XXVIII，9～11
体长/尾柄高	/	胸鳍鳍条数	10
头长/吻长	3.9～4.1	腹鳍鳍条数	I，5
头长/眼间距	3.4～3.6	侧线鳞数	/
头长/眼径	3.6～4.0	腹棱	/

注：引自《太湖鱼类志》（倪勇和朱成德，2005）。

月鳢科
Channidae

体亚圆筒状，后部侧扁。头稍大，平扁。口大，前位，斜裂。下颌一般长于上颌。上颌骨后缘伸达眼后缘下方。两颌、犁骨和腭骨均具细齿。下颌两侧常有犬齿。鳃孔较大。鳃盖膜彼此相连，不与峡部相连。具鳃上副呼吸器，由第一鳃弓的上鳃骨和舌颌骨各一部分扩大形成。肛门接近臀鳍起点。体和头部均被圆鳞，头部鳞较大。侧线完全，但有中断。背鳍和臀鳍基部较长，前者长于后者。胸鳍圆形。腹鳍有或无，如有，则为前腹位。尾鳍圆形。各鳍均无鳍棘。鳔长，1室，向后伸入尾部，无鳔管。

本科产洪泽湖有1属。

月鳢属 *Channa* Scopoli，1777

Channa Scopoli：Int. Hist. Nat.（Scopoli，1777）

Type-species（模式种）： *Channa orientalis* Bloch and Schneider，1801.

月鳢属特征同月鳢科。本属产洪泽湖有1种。

87 乌鳢 *Channa argus*（Cantor）

地方名：黑鱼、乌鱼、财鱼

文献记载

Ophiocephalus argus Cantor：Ann. Mag. Nat. Hist.（Cantor，1842）；Contr. Boil. Lab. Sci. Soc. China（Tchang，1928）；Science（Tchang，1929）。

Ophiocephalus pekinensis：Proc. U. S. Nat. Mus.（Fowler and Bean，1920）；Mem. Asiat. Bengal（Fowler，1924）。

Ophicephalus argus：Ark. Zool.（Rendahl，1928）；Contr. Biol. Lab. Sci. Soc. China（Miao，1934）；J. Shanghai Sci. Inst.（Kimura，1934）。

乌鳢 *Ophiocephalus argus*：水生生物学集刊（伍献文，1962）；长江鱼类（中国科学院水生生物研究所，1976）；江苏淡水鱼类（江苏省淡水水产研究所、南京大学生物系，1987）。

乌鳢 *Channa argus*：上海鱼类志（张列士，1990）；湖泊科学（朱松泉，2004）；江苏鱼类志（倪勇、朱成德、伍汉霖，2006）。

基本特征

体延长，前部圆筒状，尾部侧扁，尾柄短。头长，前部平扁，后部隆起。吻短，圆钝，长于眼径。口大，端位，斜裂。两颌、犁骨和腭骨均具绒毛状齿带，下颌两侧齿大，呈犬齿状。眼较小，上侧位，近于吻端。鳃孔大，左、右鳃盖膜连合。头、体均被圆鳞。侧线平直。头部黏液孔发达。背鳍1个，基底长，始于胸鳍基稍后上方，后延几乎达尾

乌鳢 *Channa argus*

鳍。胸鳍宽圆。具腹鳍，始于背鳍起点稍后方。尾鳍圆形。

体灰黑色，腹部浅色。体侧具许多不规则黑斑。背鳍、臀鳍和尾鳍暗色，具黑色细纹。胸鳍和腹鳍浅黄色，胸鳍基部有1个黑点。栖息于沿岸泥底的浅水区，夜间有时在水的上层游动。乌鳢适应性强，在一般鱼类不能生活的环境也能适应，在缺氧的水体中能借助鳃上腔的辅助呼吸器，在水面进行呼吸。离开水体后还能活相当长的时间。冬季到深水处，埋在淤泥中越冬。乌鳢性凶猛，肉食性。

实测特征

可数可量性状

测量标本数（尾）	5		
全长（mm）	/		
体长（标准长）（mm）	54～277		
头长（mm）	/		
体长/头长	3.0～3.3		
体长/体高	5.0～5.8	背鳍鳍条数	49～53
体长/尾柄长	/	臀鳍鳍条数	33～36
头长/眼间距	5.2～6.3	胸鳍鳍条数	17～18
尾柄长/尾柄高	0.6～0.7	腹鳍鳍条数	6
头长/吻长	4.7～5.9	侧线鳞数	63～68
头长/眼径	6.2～7.5	鳃耙	12～15

注：引自《太湖鱼类志》（倪勇和朱成德，2005）。

刺鳅亚目 Mastacembeloidei

体细长，鳗形，稍侧扁。头小，颇尖。吻尖长。前鼻孔管状，位于吻突前端两侧。口裂上缘仅由前颌骨组成。颌骨存在。眶下骨未骨化。肩带与头后脊椎骨相连，肩胛骨和乌喙骨存在。鳃孔小。体被小圆鳞。背鳍基底长，前部具许多游离小棘。背鳍、臀鳍和尾鳍相连接或稍分离。腹鳍消失。

本亚目产洪泽湖有1科。

刺鳅科 Mastacembelidae

体细长，略呈鳗形。头小，颇尖，略侧扁。吻尖长，向前伸出。眼小，上侧位。眼间隔狭。眼下方具硬棘。鼻孔每侧2个。口前位，口裂上缘仅由前颌骨组成，颌骨在其后方。两颌齿细小。鳃孔小。前鳃盖骨光滑无棘或具棘，下缘不游离或游离。鳃耙退化。无假鳃。鳃盖膜不与峡部相连。体被细小圆鳞。侧线有或无。背鳍基底长，鳍棘短小游离。背鳍、臀鳍和尾鳍相连。臀鳍有2～4分离小棘。胸鳍短圆。无腹鳍。尾鳍圆形，略尖。眶下骨未骨化。无后颞骨。无基蝶骨。鳔无管。

本科产洪泽湖有1属。

刺鳅属 *Mastacembelus* Scopoli，1777

Mastacembelus Scopoli：Introd. Hist. Nat.（Scopoli ex Gronow，1777）

Type-species（模式种）： *Ophidium mastacembelus* Banks and Swolander in Russell，1794.

Pararhynchobdella Bleeker，1874.

Rhynchobdella maculata Cuvier in Cuvier and Valenciennes，1831.

体细长，鳗形，侧扁，背缘低，腹缘平。头小，侧扁。吻尖突。眼小，上侧位；眼下方具1硬棘。口前位，口裂低斜。上、下颌具多行细齿；犁骨、腭骨和舌上均无齿。前鳃盖骨后缘具棘或无棘，边缘不游离。鳃耙退化。无假鳃。鳃盖条6。鳃盖膜不连于峡部。头及体被细小圆鳞。侧线有或无。胸鳍圆形。腹鳍消失。尾鳍后缘尖圆。

本属产洪泽湖有1种。

88 中华刺鳅 *Mastacembelus sinensis*（Bleeker）

地方名：刀鳅

文献记载

Rhynchobdella sinensis Bleeker：Versl. Akad. Amsterdam.（Bleeker，1870）。

Ophidium aculeatus：Nouv. Mem. Soc. Imp. Natur. Moscou.（Basilewsky，1855）。

Mastacembelus sinensis：Proc. U. S. Natl. Mus.（Fowler and Bean，1920）；Mem. Asiat. Soc. Bengal（Fowler，1924）；Contr. Biol. Lab. Sci. Soc. China（Tchang，1928）。

Mastacembelus aculeatus：Contr. Biol. Lab. Sci. Soc. China（Miao，1934）；J. Shanghai Sci. Inst.（Kimura，1934）。

刺鳅 *Mastacembelus aculeatus*：水生生物学集刊（伍献文，1962）；长江鱼类（中国科学院水生生物研究所，1976）；江苏淡水鱼类（江苏省淡水水产研究所、南京大学生物系，1987）。

中华光盖刺鳅 *Pararhynchobdella sinensis*：福建鱼类志（金鑫波、伍汉霖，1985）。

刺鳅 *Pararhynchyobdella sinensis*：洪泽湖（朱松泉、魏绍芬，1993）。

中华刺鳅 *Mastacembelus sinensis*：江苏鱼类志（倪勇、朱成德、伍汉霖，2006）。

中华刺鳅 *Mastacembelus sinensis*

基本特征

体细长，侧扁，背腹缘低平，尾部扁薄。头小，略侧扁。吻尖突。眼小，侧上位。眼下方有1硬棘。眼间隔窄，稍凸起。口前位，口裂低斜。唇褶发达。上、下颌齿多行，细尖；犁骨、腭骨及舌上均无齿。鳃孔低斜。峡部狭窄。鳃盖膜不与峡部相连。无假鳃。鳃耙退化。头、体均被细小圆鳞。无侧线。背鳍基底长，前部为多枚游离小棘，可倒伏在背正中的沟中，向后各棘渐增大。鳍条部与背鳍鳍条部同形、几相对；第一和第二鳍棘接近，第二鳍棘最大，第三鳍棘距第二鳍棘颇远。背鳍和臀鳍的鳍条部均与尾鳍相连。胸鳍宽短，圆形。腹鳍消失。尾鳍后缘尖圆。体黄褐色或浅褐色。头部和腹侧有白色小圆斑，或相连形成网状。背鳍、臀鳍和尾鳍上亦具白斑，边缘白色。胸鳍浅褐色，无斑纹。摄食虾类，食少量水生昆虫幼虫、小鱼。生活于多水草的浅水区。

实测特征

可数可量性状

测量标本数（尾）	6		
全长（mm）	/		
体长（标准长）（mm）	108.6～200.5		
头长（mm）	/		
体长/头长	5.3～6.5		
体长/体高	9.7～12.1	背鳍鳍条数	XXVI～XXVIII，54～67
体长/体宽	13.7～16.6	臀鳍鳍条数	Ⅲ，50～65
体长/尾柄高	/	胸鳍鳍条数	21～25
头长/吻长	3.5～4.9	腹鳍鳍条数	Ⅰ，5
头长/眼间距	8.5～11.1	尾鳍鳍条数	14
头长/眼径	7.9～10.1	腹棱	/

注：引自《太湖鱼类志》（倪勇和朱成德，2005）。

鲀形目 Tetraodontiformes

前颌骨与上颌骨相连或愈合。齿圆锥状、楔形，门齿状或愈合成齿板。鳃孔小，侧位。体被骨化鳞片、骨板、小刺或裸露。侧线有或无。背鳍1个或2个。腹鳍胸位、亚胸位或消失。腰带愈合或消失。后颞骨不分叉，与翼耳骨相连。无鼻骨、顶骨和肋骨。鳔有或无。气囊有或无。

本目产洪泽湖有1个亚目。

鲀亚目 Tetraodontoidei

前颌骨与上颌骨愈合；上、下颌齿愈合成喙状齿板。中央缝有或无。鳃孔小，侧位。鳃3～4对。体被小刺、强棘或裸露。背鳍1个，无鳍棘，位于体的后部。臀鳍与背鳍同形。无腹鳍。鳔和气囊有或无。无后颞骨。一般无尾舌骨。

本亚目产洪泽湖有1科。

鲀科 Tetraodontidae

体亚圆形，粗短；或延长，侧扁。尾部沿体下部两侧常具一明显皮褶。头、吻宽钝，或稍侧扁。两颌齿愈合成4个齿板，具中央缝。鳃孔小，侧位。体无鳞，或具小刺。背鳍1个，无棘，与臀鳍同形、相对。胸鳍侧位。无腹鳞。尾鳍圆形、截形或新月形。鳔卵圆形、肾形或后部分成2叶。气囊发达。

本科产洪泽湖有1属。

东方鲀属 *Takifugu* Abe，1949

Takifugu：Bull. Biogeogr. Soc. Japan（Abe，1949）

Type-species（模式种）： *Tetrodon oblongus* Bloch，1786.

体亚圆筒形，头体粗圆，尾柄长而稍侧扁。体侧下缘具1纵行皮褶。口小，端位。体无鳞，背面和腹面小刺有或无，侧面大多光滑无小刺。侧线发达。背鳍1个，无腹鳍。胸鳍具14～18鳍条。尾鳍圆截形、截形或微凹形。椎骨19～25。鳔呈卵圆形或椭圆形。有气囊。

本属产洪泽湖有1种。

89 暗纹东方鲀 *Takifugu fasciatus*（McClelland）

地方名：河鲀、斑屋、巴鱼

文献记载

Tetrodon fasciatus McClelland：J. Nat. Hist. Calcuta.（McClelland，1844）。

Spheroides ocellatus：Proc. U. S. Nat. Mus.（Fowler et Bean，1920）；Mem. Asiat. Soc. Bengal（Fowler，1924）；J.Shanghai Sci. Inst.（Kimura，1934）。

Tetrodon ocellatus：Science（Tchang，1929）；Bull. Fan Mem. Inst. Biol.（Shaw，1930）。

Spheroides ocellatus obscurus Abe：Bull. Biogeogr. Soc. Jap.（Abe，1949）。

暗纹东方鲀 *Takifugu fasciatus*

暗色东方鲀 *Fugu obscurus*：东海鱼类志（朱元鼎、许成玉，1963）；长江鱼类（中国科学院水生生物研究所，1976）。

河鲀 *Spheroides ocellatus*：水生生物学集刊（伍献文，1962）。

暗纹东方鲀 *Fugu obscurus*：江苏淡水鱼类（江苏省淡水水产研究所、南京大学生物系，1987）。

暗纹东方鲀 *Takifugu obscurus*：上海鱼类志（许成玉，1990）。

暗纹东方鲀 *Takifugu fasciatus*：中国动物志·硬骨鱼纲·鲀形目（李春生，2002）；江苏鱼类志（倪勇、朱成德、伍汉霖，2006）。

基本特征

体亚圆筒形，头胸部较粗圆，微侧扁，躯干后部渐细狭；尾柄圆锥状，后部渐侧扁。体侧下缘皮褶发达。头中大，钝圆。吻中长，圆钝。眼中大，上侧位。眼间隔宽而微凸。口小，前位，上、下颌齿呈喙状，上下颌骨与齿愈合。唇发达，细裂。鳃盖膜厚，白色。体无鳞。背面自鼻孔至背鳍起点，腹面自鼻孔下方至肛门前方均被小刺，背刺区和腹刺区在眼后部相连。吻侧、鳃盖后体侧和尾柄部光滑无刺。体侧下缘皮褶发达。侧线发达，具多条分支。鳔大。有气囊。背鳍1个，臀鳍与背鳍同形，起点稍后于背鳍起点。无腹鳍。胸鳍宽短，侧中位。背鳍基部具1大黑斑，边缘浅色。胸鳍后上方具1黑斑，大于眼径，边缘浅色；胸鳍基部内外侧亦具1黑斑。尾鳍后缘暗褐色。杂食性，喜食鱼、虾、贝类。具溯河产卵习性。春末夏初成熟亲鱼溯江产卵，产后返回近海。幼鱼在江河或通江湖泊中生活，当年或翌年春季回归近海，育肥生长，成熟后又溯江产卵。

实测特征

可数可量性状

<table>
<tr><td>测量标本数（尾）</td><td colspan="3">5</td></tr>
<tr><td>全长（mm）</td><td colspan="3">/</td></tr>
<tr><td>体长（标准长）（mm）</td><td colspan="3">66～125</td></tr>
<tr><td>体长/头长</td><td>2.7～3.4</td><td></td><td></td></tr>
<tr><td>体长/体高</td><td>3.2～3.8</td><td>背鳍鳍条数</td><td>16～18</td></tr>
<tr><td>头长/吻长</td><td>2.4～3.0</td><td>臀鳍鳍条数</td><td>14～15</td></tr>
<tr><td>头长/眼间距</td><td>1.6～2.0</td><td>胸鳍鳍条数</td><td>17～18</td></tr>
<tr><td>头长/眼径</td><td>5.0～7.2</td><td>腹鳍鳍条数</td><td>/</td></tr>
</table>

注：引自《太湖鱼类志》（倪勇和朱成德，2005）。

图书在版编目（CIP）数据

洪泽湖鱼类志 / 陈宇顺，张胜宇，谢松光主编. 北京：中国农业出版社，2024. 12. -- ISBN 978-7-109-32662-0

Ⅰ. S922.5

中国国家版本馆CIP数据核字第2024V8H663号

中国农业出版社出版

地址：北京市朝阳区麦子店街18号楼

邮编：100125

责任编辑：闫保荣

版式设计：小荷博睿　　责任校对：赵　硕

印刷：北京中科印刷有限公司

版次：2024年12月第1版

印次：2024年12月北京第1次印刷

发行：新华书店北京发行所

开本：787mm×1092mm 1/16

印张：15.75

字数：304千字

定价：198.00元